Fachberichte Messen · Steuern · Regeln

Herausgegeben von M. Syrbe und M. Thoma

15

R. Dillmann

Lernende Roboter

Aspekte maschinellen Lernens

Springer-Verlag
Berlin Heidelberg GmbH

Autor:
Prof. Dr.-Ing. Rüdiger Dillmann
Institut für Prozeßrechentechnik und Robotik
Universität Karslruhe
Kaiserstraße 12
7500 Karlsruhe 1

CIP-Titelaufnahme der Deutschen Bibliothek
Dillmann, Rüdiger:
Lernende Roboter : Aspekte maschinellen Lernens / R. Dillmann.
Berlin ; Heidelberg ; New York ; London ; Paris ; Tokyo : Springer, 1988
(Fachberichte Messen, Steuern, Regeln ; 15)
ISBN 978-3-540-19079-0 ISBN 978-3-642-83409-7 (eBook)
DOI 10.1007/978-3-642-83409-7
NE: GT

Ursprünglich erschienen bei Springer-Verlag Berlin Heidelberg New York 1988

Offsetdruck: Color-Druck, G. Baucke, Berlin; Bindearbeiten: B. Helm, Berlin
2160/3020-543210

Vorwort

Die vorliegende Arbeit ist der im wesentlichen unveränderte Abdruck der von der Universität Karlsruhe zur Erlangung der Lehrbefugnis für das Fach Informatik genehmigte Habilitationsschrift. Tag der Habilitation war der 21. November 1986.

Die Arbeit entstand während meiner Tätigkeit als Hochschulassistent am Lehrstuhl für Prozessrechentechnik der Universität Karlsruhe und entwickelte sich aus einem Forschungsprojekt, das sich mit der Untersuchung und Entwicklung autonomer, mobiler Roboter sowie dem Einsatz von Werkzeugen der künstlichen Intelligenz befaßte.

Dem Inhaber des Lehrstuhls für Prozessrechentechnik, Herrn Professor Dr.Ing. Ulrich Rembold danke ich sehr herzlich für die großzügige Unterstützung und für viele richtungsweisende Anregungen zu dieser Arbeit.

Ferner danke ich Herrn Professor Dr.Ing. Jürgen Milberg, dem Inhaber des Lehrstuhls für Werkzeugmaschinen und Betriebswissenschaften an der technischen Universität München, für die Anfertigung des zweiten Berichts sowie Herrn Professor Dr.-Ing. Oswald Drobnik vom Lehrstuhl für Verteilte Rechnersysteme und Rechnerkommunikation für die Übernahme des Vorsitzes im Prüfungsausschuß.

Mein Dank gebührt auch den Mitarbeitern des Lehrstuhls für Prozessrechentechnik für viele wertvolle Diskussionen, ferner allen Diplomanden und Seminarteilnehmern, die zu den Vorarbeiten für diese Schrift einen Beitrag geleistet haben. Schließlich danke ich Frau Hanne Neeb, Herrn cand.inform. Ehrler und Herrn cand.math. Knöfel für die technische Unterstützung bei der Anfertigung des druckfertigen Skripts.

Großer Dank gebührt meinem Sohn Florian und meiner Lebensbegleiterin Frau Brigitte Nitsch für Geduld und Verständnis während der Erstellung der Arbeit.

Karlsruhe, Mai 1988 Rüdiger Dillmann

Inhaltsverzeichnis

1 Einleitung

Die steigende Anzahl von Anwendungen von Robotern in unterschiedlichen technologischen Bereichen führt zu einer großen Anzahl von Spezialprogrammen, die jeweils den Anforderungen des vorliegenden technischen Prozesses genügen müssen. Die Programme müssen vollständig, korrekt und wenn möglich optimiert sein. Die Programmierung von Robotern wird oft fälschlicherweise als "Lernen von Bewegungsabläufen" bezeichnet. Lernen setzt einen Lernapparat und ein Lernziel voraus und bedarf einer schärferen Definition. Lernen im Zusammenhang mit Robotern kann auf zahlreiche Lernziele auf unterschiedlichen Abstraktionsebenen innerhalb eines Robotersystems bezogen werden. In jedem Fall liegen dabei Vorstellungen zugrunde, die eine Anpassung, eine Verfeinerung, eine Optimierung, oder sogar eine Erweiterung der Systemfähigkeiten durch das System selbst vorsieht. Die Realisierung der Vorstellung, daß ein Roboter selbständig lernt, wie er optimal seine Aufgaben zu lösen hat und diese dann auch ausführt, liegt noch in weiter Ferne.
In dieser Arbeit wird ein Überblick bezüglich maschinellen Lernens im Kontext Robotik gegeben. Die Ansätze aus dem Bereich der Systemtheorie, sowie insbesondere der jüngeren Arbeiten aus den Bereichen der künstlichen Intelligenz werden auf ihre konzeptionellen Grundgedanken und ihre Anwendbarkeit hin untersucht und diskutiert.
Fu, 1971 formuliert schon früh anhand dreier Beispiele lernende Steuerungsstrukturen für Roboter (siehe Bild 1.1). Er unterscheidet dabei:

1) Steuerungssysteme mit menschlicher Überwachung,
2) Steuerungssysteme mit Mensch-Maschine-Überwachung und
3) Autonome Robotersysteme.

Das Lernschema in der Steuerung mit menschlichem Operator sieht dabei wie folgt aus (Gilstad 1970): Die Kräfte und Momente zur Ausführung einer Handhabungsaufgabe erfordern eine Steuerungsstrategie, die an die Parameter und die Struktur der Regelstrecke angepaßt sind. Ist die Regelstrecke konstant (konstante Handhabungsaufgabe), wird lediglich eine einmalige Optimierung der Steuerstrategie (Regelparameter) erforderlich. Ändert sich die Regelstrecke (Variation der Handhabungsaufgabe), muß diese Änderung erkannt und klassifiziert werden, sowie eine entsprechende Steuerstrategie oder Steuerungsparame-

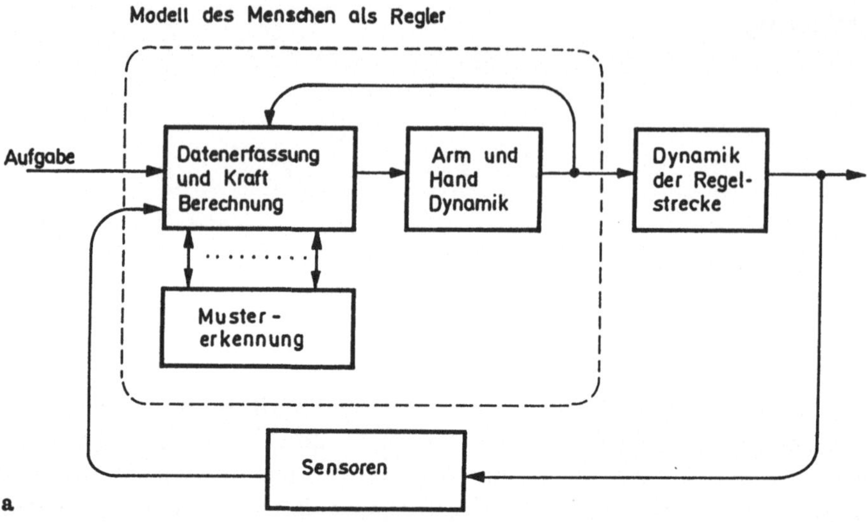

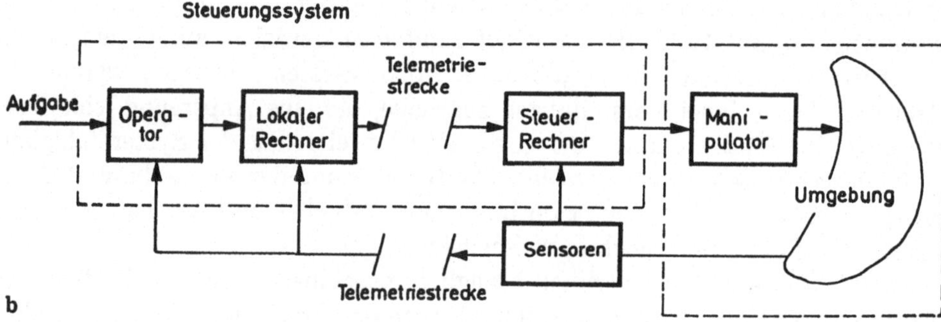

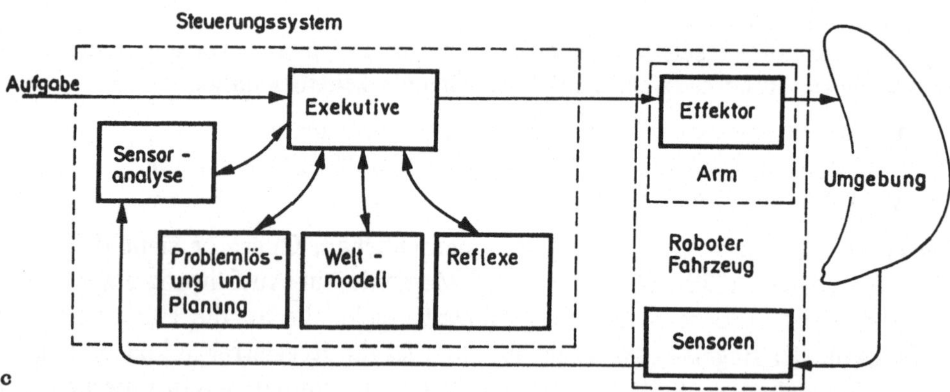

Bild 1.1: Grundstrukturen lernender Robotersysteme

ter gefunden werden. In dem Modell wird die Klassifikation der Änderungen der Strecke, sowie die Such- und Lernstrategie durch den menschlichen Operator vollführt. Kraftreflektierende Telemanipulatoren mit Master-Slave Steuerungsstrukturen sind dieser Systemklasse zuzuordnen.

Das Lernschema in Beispiel 2 sieht eine Aufteilung der Steueroperationen zwischen dem menschlichen Operator und dem Steuerrechner vor. Zur Ausführung komplizierter Handhabungsaufgaben übernimmt der Operator Überwachungsaufgaben und arbeitet als Tutor oder als Regler in dem System. Der Steuerrechner kann nach abgeschlossenen Lernzyklen einige Steuerungsaufgaben übernehmen. Der Operator hat also lediglich die Aufgabe, Aktionen zu initialisieren oder zu terminieren.

Auf der anderen Seite, insbesondere bei ferngesteuerten Telemanipulatoren, benötigt der Operator zur Aktionsplanung und zur Ausführung Rechnerunterstützung, da er nicht in einer geschlossenen kontinuierlichen Regelungsschleife operieren sollte, da erhebliche Zeitverzögerungen (Totzeiten) zwischen Aktionsplanung und Ausführung auftreten. Seine Aufgabe ist die eines Überwachers oder Monitors der außerdem Zwischenziele oder Teiloperationen für den maschinengesteuerten Teil des Systems vorgibt. Das System in Bild 1.1b weist eine hierarchische Struktur auf. Die Planung wird auf der obersten Ebene durch den menschlichen Operator vollführt. Das Modell des Manipulators ist in der nächst tieferen Ebene im Rechner implementiert, so daß der Operator direkt das Verhalten des Manipulators Modell-basiert beeinflussen kann (Prädiktion). Neuere Systeme verfügen über eine Zustandsraumpräsentation (Weltmodell), in der Aktionen als Transition von Zuständen innerhalb eines modellierten Zustandsraum aufgefaßt werden. Die Aufgabe der mittleren Steuerungsebene ist es daher, möglichst mit minimalem Aufwand (optimal) die benötigten Zustandstransitionen zu planen und zu generieren, um dann auf der unteren Steuerungsebene entsprechende Steuerungsprimitiven zu deren Ausführung zu aktivieren (halbautonome, hierarchisch gegliederte Systeme).

Das dritte Lernschema hat eine völlig autonome Robotersteuerung zum Ziel, die nicht mehr vom Menschen überwacht werden muß. Die Grundfunktionen Planen, Umweltmodellierung, Situationsanalyse und Auswahl der günstigsten Aktionsfolgen sind seither Gegenstand zahlreicher Untersuchungen. Lernstrategien sind hierbei vor allem zur Unterstützung der Planung, zur Behandlung von Entscheidungen und Reflexen in Ausnahmesituationen (exceptions) von Interesse. Lernen im Sinne eines lernenden Steuerungssystems wird dabei nach Fu, 1964 und Saridis, 1977 wie folgt definiert:

Def.: Lernendes System

Ein System wird als lernend bezeichnet, wenn es in der Lage ist, unbekannte Eigenschaften eines Prozesses oder seiner Umgebung durch schrittweises Handeln und Beobachten zu erfassen. Die dadurch gewonnene Erfahrung wird benutzt um Vorhersagen, Klassifikationen und

Entscheidungen durchzuführen, damit ein vorgegebenes optimales Systemverhalten erreicht werden kann.

Def.: Lernendes Steuerungssystem

Ein lernendes System wird als lernendes Steuerungssystem bezeichnet, wenn die durch schrittweises Handeln und Beobachten erfasste Information benutzt wird, um einen Prozeß mit unbekannten Eigenschaften zu steuern. Steuern durch Lernen kann off-line durch Training, oder on-line nach den Prinzipien sich selbst organisierender adaptiver Systeme erfolgen.

Auf dem Gebiet "maschinellen Lernens" können drei grundlegende Forschungsrichtungen unterschieden werden.
Die erste Richtung hat ihre Wurzeln in der Systemtheorie und befaßt sich mit selbstorganisierenden und -optimierenden Systemen, die sich an spontane Änderungen in ihrer Umwelt anpassen (adaptieren). Hierbei werden Systeme betrachtet, die sich selbst im Sinne einer optimalen Organisation an die Umwelt adaptieren. Dabei wird angenommen, daß das System genügend Freiheitsgrade besitzt, um seine eigene Organisation (Struktur) zu modifizieren. Zur Unterstützung der optimalen Organisation werden Stimuli zur Systemerregung sowie Zustandsrückführtechniken (feedback) verwendet. Im Bereich der Robotik werden adaptiv sensorgeführte Systeme unter Verwendung von Sensoren und Sichtsystemen entwickelt, deren Steuerungsstruktur auf neuronale Netzwerke zurückgeführt werden können. Rosenblatt, 1957, legte mit der Entwicklung des Perzeptrons die Grundlage hierzu. Andere Lernverfahren beruhen auf Automatenmodellen (Fu 1970, Wee und Fu 1969), oder auf Schätz- bzw. stochastischen Approximationsverfahren. Weller gibt in Weller,1985, einen breiten Überblick bezüglich lernender Steuerungssysteme.
Mit Winstons Arbeit (Winston,1970) über Lernen aus Beispielen wurde eine zweite Forschungsrichtung mit dem Schwerpunkt des induktiven Lernens von Konzepten eröffnet. Zahlreiche Arbeiten aus unterschiedlichsten Anwendungsgebieten wie Mathematik (Lenat 1976), Chemie (Buchanan und Mitchell 1978), Spieltheorie (Samuel 1967), Robotik (Sussman 1975) und viele andere folgten. Die meist aus dem Gebiet der künstlichen Intelligenz kommenden Arbeiten benutzen symbolische Repräsentationsformen wie Merkmalsvektoren, semantische Netze, Frames, Prädikatenlogik, Produktionsregeln, um das gelernte Wissen zu präsentieren.
Die dritte Forschungsrichtung auf dem Gebiet des "maschinellen Lernens" befaßt sich mit der automatischen Wissensaquisition für Expertensysteme und entwickelt sich erst in jüngster Zeit.

Die Anwendung von Methoden des maschinellen Lernens hat insbesondere dort in der Robotik Bedeutung, wo die Modellbildung des Handhabungsprozeß entweder zu komplex, fehlerhaft oder nicht ausreichend ist, um ein korrektes ausführbares Roboterprogramm mit entsprechenden Kontrollstrukturen zu erzeugen. Wieweit die Anwendung symbolischer wissensbasierter Strukturen auf viele Lernprobleme in der Robotik effiziente Lösungen ermöglicht, ob sie klassischen analytischen Methoden überlegen ist oder sie ergänzt, wird an Beispielen aus der realen Welt gemessen. Insbesondere werden hierzu Schnittstellen zwischen höheren wissensbasierten symbolischen Ebenen und numerischen Prozeßebenen benötigt, über die Informationen bezüglich der Wechselwirkung Roboter-Umwelt fließen, damit Schlüsse bezüglich Erfolg oder Mißerfolg einer Roboteraktion gezogen werden können.

Zur Einordnung der in dieser Arbeit untersuchten Lernapparate und Lernziele, zur Bewertung deren Einsetzbarkeit sowie der Leistungsfähigkeit deren unterlagerten Lernstrategien wird in Abschnitt 11 ein hierarchisches Schichtenmodell eines autonomen mobilen Roboters definiert (Dillmann, Rembold 1985), das im Rahmen des Sonderforschungsbereichs Nr.314 "Künstliche Intelligenz" der deutschen Forschungsgemeinschaft (DFG) an der Universität Karlsruhe entwickelt wurde (siehe Bild 1.2).

Das Grundkonzept dieses Modells beruht auf der von dem National Bureau of Standards (NBS) formulierten Prinzips der hierarchischen Aufgliederung komplexer Fertigungssysteme. Es enthält ein funktionelles Modell bezüglich der hierarchischen Planung und Zerlegung komplexer Probleme und Aufgaben, ein hierarchisches Steuerungsmodell sowie ein Rechnermodell. Die Grundidee ist wie folgt:

Ausgehend von der Beschreibung einer Handhabungsaufgabe wird diese über mehrere Systemebenen hinweg in Teilaufgaben, Handlungssequenzen, Bewegungssequenzen bis hin zu atomaren Steuerungsprimitiven des Roboters auf der untersten Ebene des Systems zerlegt. Jede Ebene arbeitet auf unterschiedlichem Abstraktionsniveau, um Teilprobleme zur Lösung der Gesamtaufgabe zu bearbeiten. Weiterhin werden auf jeder Ebene die drei Grundoperationen "Planen, Ausführen und Überwachen" ausgeführt, d.h. ein Planungsmodul interpretiert die vorgegebene Aufgabenbeschreibung und plant eine Handlungs- oder Operationsfolge (Tasksequenz etc.), die von dem Ausführungsmodul der gleichen oder einer tiefer liegenden Ebene ausgeführt wird. Das Überwachungsmodul, oft auch als Monitor bezeichnet, überprüft die Qualität der Ausführung und unterbricht im Fall von Konflikten (exceptions) den Programmablauf. Während auf den unteren Ebenen der hierarchischen Steuerung adaptive prozeßnahe Regelungsstrukturen lokalisiert werden können, überwiegen auf den mittleren Ebenen taktische Verhaltens- und Reaktionsstrategien, die durch unterlagerte Lernapparate verfeinert werden können. Auf den oberen Ebenen eines solchen Systems überwiegen Planungsstrukturen, die strategische Operationspläne generieren. Auch hier können Lernstrukturen (Fikes, Hart und Nilson 1972, Tangwonsan und Fu 1979, Dufay und Latombe 1983) lokalisiert werden.

Die Lernziele innerhalb der jeweiligen Systemebene können dabei auf die planenden Strukturen, deren zugeordneten Ausführungs- und Überwachungselementen bezogen werden. Erst bei dem Zusammenspiel dieser drei Komponenten

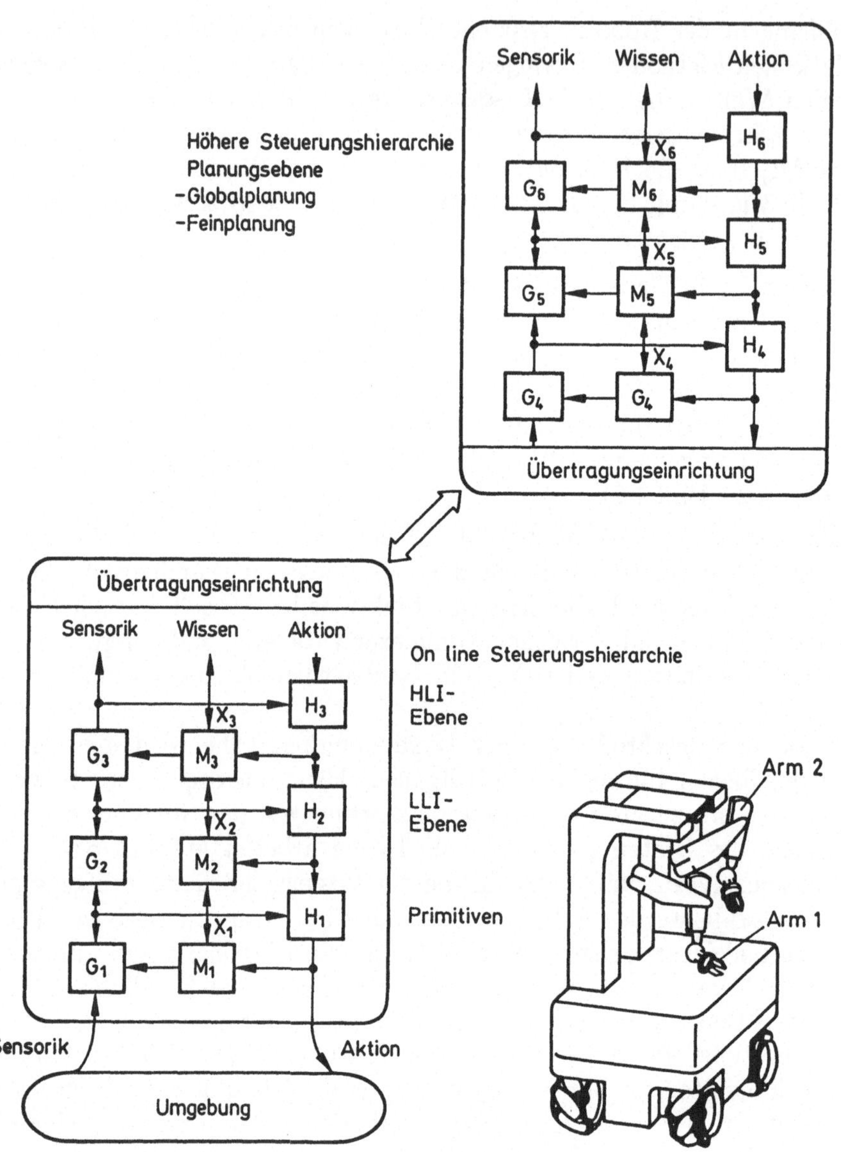

Bild 1.2: Grundstruktur des Karlsruher autonomen mobilen Robotersystems (KAMRO)

lassen sich Zusammenhänge, Wirkgefüge, neue Fakten, Wissen und Wissenslücken finden, die für ein lernendes System unerlässlich sind.

In den folgenden Abschnitten wird zunächst der Begriff des Lernens eingegrenzt. Beobachtbares Lernverhalten höherer Lebewesen bezüglich ihrer zielorientierten Willkürmotorik erlaubt wertvolle Schlüsse bezüglich der Struktur einfacher Lernsysteme sowie die Grundmodellierung eines vereinfachten Lernmodells. Nach dieser Einführung folgt eine Taxonomie bezüglich bekannter Lernapparate und Strategien, sowie möglicher Präsentationsformen gelernten Wissens. Danach werden die Lernformen -mechanisches Lernen-, -Lernen aus Beispielen-, -Lernen durch Analogieschlüsse- und -Lernen durch Erfahrung- behandelt. Nach ihrer modellhaften Beschreibung werden die geeignetesten Verfahren am Beispiel des hierarchischen Steuerungskonzeptes des Karlsruher autonomen mobilen Roboters diskutiert und auf ihre Realisierbarkeit hin bewertet.

2 Hypothetisches Modell der Lernstrukturen bei höheren Lebewesen

In diesem Abschnitt wird als Ausgangspunkt der Betrachtungen maschineller Lernstrukturen ein hypothetisches Modell der Lernstruktur bei höheren Lebewesen beschrieben. Hypothetisch daher, weil die Komplexität der Struktur des physiologischen Systems (beim Menschen sind im Gehirn ca. 10^{10} Neuronen verschaltet) eine exakte Analyse des Wirkgefüges unmöglich macht. Dieses Modell enthält konzeptionelle Strukturen und kann als allgemeines Referenzmodell betrachtet werden, muß aber von den, in den folgenden Abschnitten beschriebenen maschinellen Lernstrukturen und -charakteristiken abgegrenzt werden, um keine voreiligen Rückschlüsse von maschinellen Lernleistungen auf menschliche Lernleistungen zu ziehen, wie sie in der Literatur hin und wieder gemacht werden. Damit soll der KI-Kritik von Dreyfus, 1985, kein Auftrieb gegeben werden, sondern im Sinne einer begrifflichen Klärung und Abgrenzung maschinelles Lernen definiert werden. Das Modell sei auf sensomotorische Koordinations-, Folge- oder Steuerungsprozesse begrenzt, die analog in der Robotik von besonderem Interesse sind.

2.1 Verhaltensprägung und -änderung durch Lernen

Eine große Anzahl der frühen Arbeiten über Lerntheorien gehen von Verhaltensbeobachtungen von Tieren in synthetischen Situationen aus. Gegenstand der Beobachtungen sind dabei Beute- und Jagdverhalten, Nahrungsaufnahme, Flucht oder Schutz und Sexualverhalten. Die synthetische Situation wird meist in einem unerwünschten Anfangszustand, wie z.B. Hunger, vorgegeben, das Ziel ist die Nahrungsaufnahme. Das Erreichen des Ziels (Transformation des Anfangszustands in Zielzustand) wird durch Hindernisse erschwert.
Die Lösung des Problems wird zur Grundlage der Lerntheorie gemacht. Skinners bekannte Verhaltensstudien an Ratten sind ein Beispiel hierzu. Lernen wird demnach als jede situations- und umgebungsbezogene Verhaltensänderung bezeichnet, die als Folge einer individuellen Informationsverarbeitung oder Problemlösung eintritt. In der Regel ist damit eine verbesserte Anpassung des Ver-

haltens an die bestehende Umwelteigenschaft oder deren Änderungen verbunden. Durch Modifikation der synthetischen Situationen in Tierversuchen konnte die These erhärtet werden, daß mit der Verhaltensänderung auch eine Korrektur einer Gedächtnisstruktur verbunden sein muß. Lernen kann also in der Ausbildung oder Korrektur von individuellem Gedächtnisbesitz definiert werden (Klix, 1976). Zur Durchführung der Verhaltenskorrektur wird eine rezeptorische Informationsaufnahme aus der realen Umgebung erforderlich (sensorische Erfassung der Umwelt), sowie deren Umsetzung in höhere Wahrnehmungsformen (kognitive Leistung). Nach der Bewertung der Wahrnehmungen müssen umgebungsangepaßte motorische Verhaltenseinheiten aktiviert werden. Perzeption-, Aktions- und Entscheidungsfähigkeiten sind damit elementare Voraussetzungen für die Korrektur des Verhaltens durch Lernen. Entscheidungsfähigkeit bedeutet dabei, die Auswahl zwischen verschiedenen Verhaltensalternativen. Führt das gewählte Verhalten nicht zum Ziel, muß die Gedächtnisstruktur modifiziert werden. Bild 2.1 zeigt eine schematische Darstellung der beschriebenen allgemeinen Lernstruktur.

Ein wichtiger Aspekt dieses Lernmodells ist seine Bezogenheit auf die reale Umwelt. Aus der Umgebung werden Reizeinflüsse aufgenommen und nach deren internen Verarbeitung (Auswertung des Informationsgehalts) zur Verhaltensänderung, also einer Interaktion. zwischen Organismus und Umwelt herangezogen. Der Umweltbezug des Lernprozesses kann sich dabei auf das innere Abbild der Umgebungszustände beschränken. Lernergebnisse die dabei durch schlußfolgernde Informationsverarbeitung erzielt werden, können nur dann für das Verhalten relevant sein, wenn dabei von realen Umgebungszuständen ausgegangen wird. Die Ausbildung oder Korrektur von Gedächtnisbesitz erfolgt über zwei Stufen, dem Kurzzeitgedächtnis und dem Langzeitgedächtnis. Diese komplizierte Speicherstruktur wird über eine große Anzahl von Kanälen, z.B. durch visuelle, verbale oder akustische Eindrücke, oder durch von Haut-, Gelenk- und Muskelrezeptoren gelieferten Eindrücken stimuliert. Die Lernleistungsfähigkeit setzt eine Flexibilität der umgebungsgemäßen Wahrnehmung, der umgebungsangepaßten Steuerung und der Anregung von Gedächtnisbesitz voraus. Die zu lösenden Problemtypen hängen jeweils von den aktuellen Bedürfniszuständen, wie z.B. Hunger oder Beuteverhalten ab. Bei jungen Tieren werden schon sehr früh Verhaltensstrukturen beobachtet, die angeboren oder triebgesteuert sind und erst noch durch Verhaltenskorrektur optimiert werden. In zahlreichen Versuchen hat diese Korrektur die Form des Lernens durch Versuch und Irrtum (trial and error). Wird eine falsche Verhaltensweise angewandt, führt die sensorische Rückmeldung des Resultats zu einer Registrierung einer fehlerhaften korrekturbedürftigen Gedächtnisstruktur, die auch die Bewertung der Verhaltensentscheidung beeinflußt. Wird dagegen eine richtige Reaktion oder Verhaltensweise aktiviert, führt die Rückmeldung zu einer Stabilisierung der relevanten Entscheidungs- und Gedächtnisstruktur (Verstärkungsprinzip). Die Beziehung zwischen Situationsmerkmalen, angepaßten Verhaltensweisen und ihrem Nutzen stellt die wesentliche Leistung des Gedächtnisses in der Lernsitua-

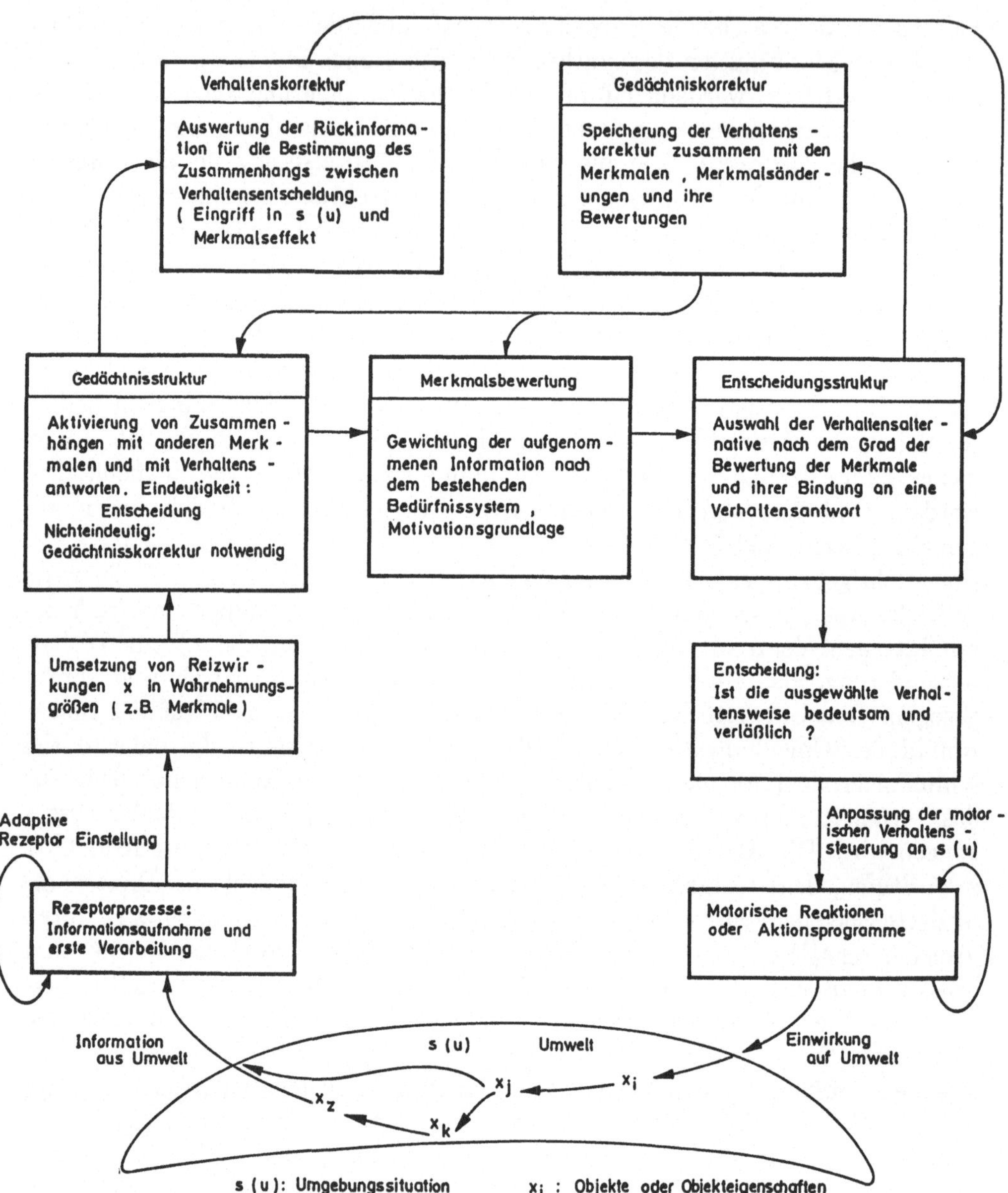

Bild 2.1: Struktur des Wirkgefüges von Lernstrukturen höherer Lebewesen (nach Klix, 1976)

tion dar. Die Wiedererkennung von Situationsmerkmalen mit der damit verbundenen Aktivierung einer angepaßten Verhaltensweise beinhaltet demnach einen kognitiven Aspekt. Der zielgerichtete Handlungsaspekt beinhaltet die Bewertung der Merkmale und die Gewichtung der Güte und des Nutzens der Entscheidung. Klix, 1976, beschreibt unter Verwendung der Struktur von Bild 2.1 folgende Lernprozesse (s.a. Bower und Hilgard, 1981):

- Lernen von bedingten Reflexen oder Reaktionen
- Lernen durch Versuch und Irrtum
- Lernen durch Einsicht
- Lernen durch Abgewöhnung (Habituation)
- Lernen durch Prägung
- Instrumentales Bedingen oder bedingte Aktion

Die meisten dieser Lernprozesse werden in den später folgenden Abschnitten in ihrer reduzierten modellhaften Form des maschinellen Lernens diskutiert.
Die bisher betrachteten Annahmen gehen stillschweigend davon aus, daß das situationsbedingte Verhalten und seine umgebungsbedingte Korrektur isoliert auf einem Lernprozeß beruhen bzw. reduziert werden können. Bei höher organisierten Lebewesen und insbesondere beim Menschen liegt ein komplexes Verhaltens- und Problemlösungsspektrum vor, dessen einzelne Elemente sehr selten elementar und unverbunden einen Handlungsablauf steuern. Die einzelnen verhaltensbestimmenden Elemente sind vielmehr Bestandteile von Handlungskonzepten, Strategien und Verarbeitungsprozeduren, die hierarchische Strukturen aufweisen. Diese Hierarchien sind sicherlich nicht starre Rangfolgen, die über einen algorithmischen Durchlauf, definiertes Verhalten produzieren, sondern sie sind eher mit Heurismen vergleichbar, die flexible Anpassungen an die wechselnden Erfordernisse vielfältiger Probleme in wechselnden Realitätsbereichen ermöglichen. Reither, 1979, kommt nach der Auswertung von Verhaltensprotokollen von Versuchspersonen, die Transformationsaufgaben zu lösen hatten (Bedienungsdruckknöpfe, Farblichterbeziehungen) zu einer hierarchischen Folge von Problemlösungsprozessen (Bild 2.2). Innerhalb dieser Hierarchie sind zahlreiche Übergänge zwischen den einzelnen Prozessen möglich. Sehr häufig wird bei seinen Versuchspersonen der Problemlösungsprozeß mit Versuch/ Irrtum-Verhalten, das offensichtlich am einfachsten ist, begonnen. Bei ausbleibendem Erfolg wird auf andere strukturierte Problemlösungsverfahren übergewechselt, was durch die Verhaltensprotokolle belegt wurde. Ein möglicher Übergang von Versuch/ Irrtumverhalten kann zu einer isolierten Bedingungsvariation einer Problemvariablen oder zur Organisation und Strukturierung der vorliegenden Daten führen. Weiterhin können sich Übergänge zu Abstraktions- oder Differenzierungsprozessen anschließen, die wiederum Anlaß zur Formulierung von Hypothesen und Zielen geben. Führt keine Strategie zum Ziel, wird der Problemlösungsprozeß häufig durch Ausbruchverhalten abgebrochen. Bild 2.2 zeigt hierarchisch gegliederte Übergänge von Problemlösungselementen die zur Bewältigung eines Problems kooperieren. Reither beschreibt in seiner Arbeit sogenannte Selbstreflexionsprozesse, die den Wirkungsgrad der momentan verwendeten Strategie bewerten und danach Übergänge zu anderen Strategien bewirken. Die Selbstreflexion setzt ein übergeordnetes Organisationselement voraus, das den Handlungsablauf und die Übergänge zwischen den Strategien steuert. In den Lernverfahren der folgenden Abschnitte sind meist Kombinatio-

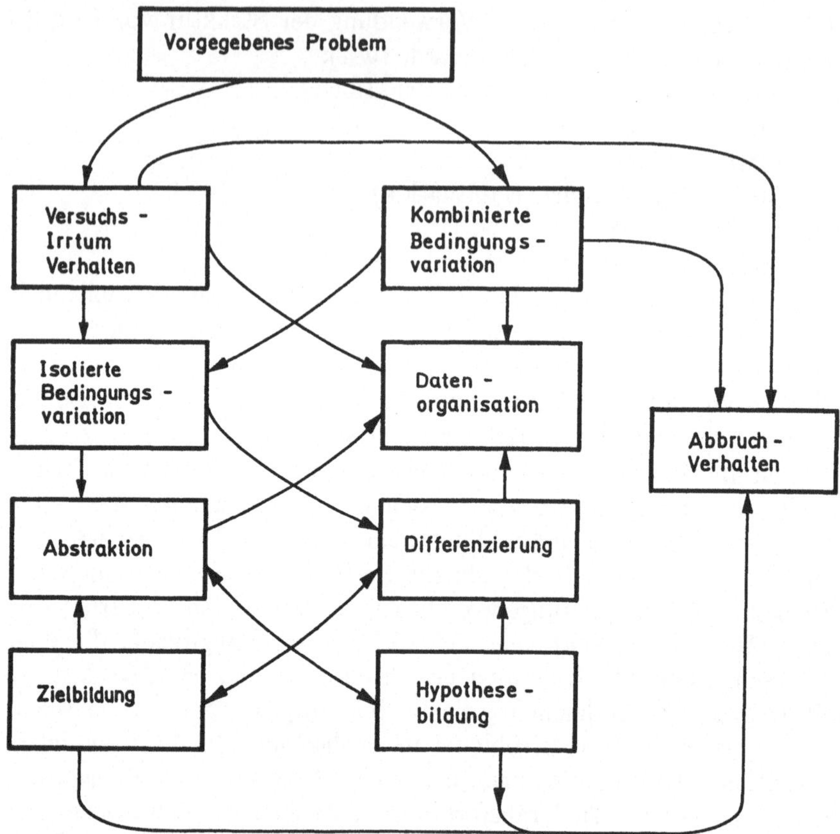

Bild 2.2: Organisationsschema mit hierarchisch gegliederten Verhaltenselementen in einem Problemlösungsprozeß (nach Reither, 1979)

nen der hier angedeuteten Problemlösungsprozesse modelliert. Versuch/ Irrtum-Strategien werden dabei mit Datenorganisation und Bedingungsvariation kombiniert. Zielbildungsprozesse erfordern Abstraktions- und Hypothesenbildungsvorgänge, die in Wechselbeziehungen bestehen und durch ein Lernelement unterstützt werden. Gewöhnlich sind Problemlöser auf spezielle Anwendungsbereiche (Domänen) zugeschnitten. Knaeuper und Rouse, 1985, beschreiben ein regelbasiertes Modell (KARL, **k**nowledgeable **a**pplication of **r**ule-based **l**ogic) für menschliches Problemlösungsverhalten, das begrenzte Steuerungsaufgaben in einer fiktiven Fabrik zum Gegenstand hat. Dieses Modell weist die folgenden drei Verhaltensebenen auf:

- Erkennung und Klassifikation
- Planung
- Ausführung und Überwachung

Es besteht aus annähernd 180 einfachen und komplexen Regeln. Dabei wird spezialisiertes Wissen bezüglich

– Fehlererkennung, -diagnose und -korrektur,
– Steuerung und Fehlerkompensation,
– Transitionsoperatoren und
– Verhalten in kritischen Situationen

vorgegeben. Dieser Ansatz berücksichtigt die Erkennung von Aktion und Wirkung, sowie Fehler und ihre Behandlung in der Wissens- bzw. Gedächtnisstruktur. Er ist in seiner Anlage sehr einfach, modelliert aber das menschliche Problemverhalten in der industriellen Umgebung mit guter Näherung.
Ein spezieller Problembereich, der im folgenden diskutiert wird, betrifft das motorische Verhalten des Menschen zur Erzeugung von physischen Einwirkungen auf die Umwelt. Das Wissen, das hierzu verarbeitet wird, wird als motorisches Wissen (motor knowledge) bezeichnet und charakterisiert die sogenannte Willkürmotorik.

2.2 Hierarchische Gliederung der Willkürmotorik

Neurophysiologische Erkenntnisse weisen darauf hin, daß die Koordination der Willkürmotorik auf der Verkettung zahlreicher motorischer Zentren in Groß- und Kleinhirn beruht. Aus der unübersehbaren Vielfalt der im zentralen Nervensystem vorliegenden Verflechtungen der Nervenzellen lassen sich einige Grundeinheiten motorischer Zentren und ihre Verbindung untereinander herausschälen. Bild 2.3 zeigt die schematische Verkettung motorischer Zentren, die Regelkreisstrukturen vermuten lassen.
Die motorischen Zentren sind im Großhirn (Motorcortex), den Basalkernen, dem Hirnstamm, dem Kleinhirn (cerebellum) und im Rückenmark lokalisiert. Im Motorcortex sind Bereiche vorhanden, in denen die sensormotorische Koordination der Extremitäten, wie Fuß, Bein, Rumpf, Arm, Hand, Finger, sowie Gesicht, Lippe und Zunge ihren Ausgang hat. Die Bereiche sind jeweils doppelt vorhanden, nämlich einmal für die rechte und einmal für die linke Körperhälfte. Die Verbindung zwischen den motorischen Zentren werden als motorische Bahnen bezeichnet und gehen von den Muskelrezeptoren (Afferenzen) und den Wahrnehmungsorganen aus zu den motorischen Zentren hin und von von dort wieder zurück zu den Muskeln (Efferenzen). Zur genaueren Beschreibung der an der Verschaltung beteiligten Nervenzellen (Neurone) sei auf die Basisliteratur der Neurophysiologie wie z.B. Ganong, 1971 und Schmidt, 1977 verwiesen.
Neurophysiologische Untersuchungen zeigen, daß die Verbindungen von der Hirnrinde teilweise ununterbrochen bis ins Rückenmark gehen (die Axone haben eine Länge von über 1m), andere gehen zu den Basalkernen, oder in den Hirnstamm. Zum Verständnis der motorischen Funktionen des zentralen Nervensystems wurden in zahlreichen Arbeiten (McRuer, 1980, Raibert, 1978, vanDijk, 1978) systemtheoretische Analogien zur Modellierung der neuronalen Verschaltungen herangezogen. Die Annahme ist dabei wie folgt (vgl. Bild 2.3): Als Problem sei eine dem Menschen vorgegebene Handhabungsaufgabe betrachtet, wie

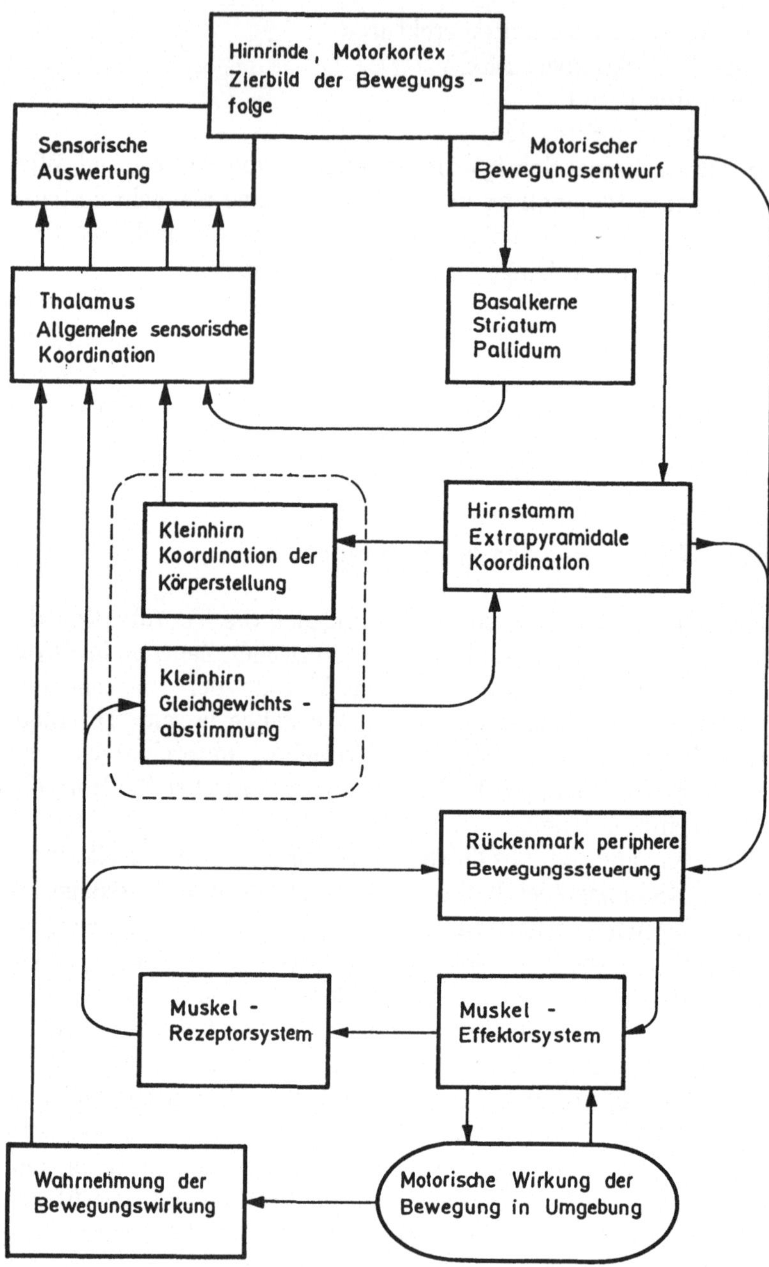

<u>Bild 2.3:</u> Modell der anatomisch funktionellen Koordination zwischen Teilsystemen des Nervensystems bei sensorisch-motorischen Koordinations-, Folge- oder Steuerungsprozessen (nach Klix, 1976)

z.B. Greifen und Bewegung eines Gegenstandes, eine Montageaufgabe oder eine komplexe Manipulation unter störenden Einflüssen. Es sind also ein Anfangszustand, ein gewünschter Endzustand und störende Umgebungseinflüsse vorgegeben. Im Motorcortex als höchster Instanz wird der Zielbildungsprozeß zur motorischen Koordination und Steuerung der Ausführung vermutet. Hierzu wird die, von den Sinnesorganen erfaßte Information, sowie deren Umsetzung in Wahrnehmungsgrößen benötigt. Die Wahrnehmung bezieht sich dabei auf die aktuelle Situation oder auf die Wirkung des Effektorsystems auf die Umwelt. Die sensorische Koordination zur Wahrnehmung der Effektorwirkung erfolgt im Thalamus, einer Ganglienanhäufung im Zwischenhirn, wo zahlreiche Nervenstränge von den sensorischen Systemen umgeschaltet werden. Der motorische Bewegungsentwurf im Motorcortex (Hirnrinde) ist eng mit den sogenannten Basalkernen verbunden. Diese sind Schaltzentren zwischen verschiedenen Hirnrindenabschnitten und haben eine integrierende Funktion für die sogenannte extrapyramidale Motorik. Sie sind mit der fehlerfreien Durchführung willkürlicher Bewegungen, geübter Bewegungsfolgen und geübter Zielbewegungen betraut. Schädigungen der Basalkerne führen beim Menschen zu motorischen Störungen, wie z.B. Zittern (Tremor), Muskelverspannung (Rigidität) oder Bewegungsüberschuß (Chorea, Athetose). Verläuft die Durchführung der Bewegungsfolge nicht adäquat zur Umgebungssituation, wird die Bewegungsfolge, deren Speicherung in den Basalkernen vermutet wird, durch die willkürliche Steuerung im Motorcortex unterbrochen und adaptiv an die Situation in der Umgebung angepaßt. Diese Adaption hat Regelkreischarakter und findet zwischen den motorischen Zentren im Motorcortex, den Basalkernen und dem Thalamus statt. Ein zweiter Regelkreis verläuft dann über den Thalamus zurück zum Großhirn. Diesem Regelkreis wird die Stabilisierung und Koordination der Körperhaltung, sowie des Gleichgewichts bei Bewegungsabläufen zugeordnet. Das Kleinhirn erhält sensorische (afferente) Informationen von praktisch allen Sinnesorganen. Bei Störungen des Kleinhirns treten insbesondere Funktionsausfälle bei Bewegungsabläufen auf. Ein weiterer Regelkreis verläuft vom Motorcortex über das Rückenmark zu den lokalen Motoneuronen, die die Muskeln ansteuern. Die Rückmeldung zum Großhirn erfolgt entweder über die Propriorezeptoren (Golgi-organe, Muskelspindeln) in den Muskeln und/oder über die visuelle Wahrnehmung der ausgeführten Bewegung oder Interaktion mit der Umwelt. Als Teil dieses globalen Regelkreises liegen in der Peripherie des zentralen Nervensystems lokale Regelkreise, die von den Motoneuronen des Rückenmarks zu den Muskeln und über die Propriorezeptoren wieder zurück verlaufen. Die Muskelbewegung und -kraft wird über die Rezeptoren sensorisch gemessen und zum Rückenmark zurückgemeldet, mit der Sollgröße verglichen und als Korrekturimpuls an die Muskelfaser weitergeleitet.

Es liegen also in der modellhaften Betrachtung vier Regelkreisebenen vor, die Teile eines hierarchisch gegliederten Systems sind. In den höheren motorischen Zentren werden die Bewegungsfolgen geplant und unter Beteiligung von tiefer liegenden motorischen Zentren ausgeführt. Treten bei der Bewegungsausfüh-

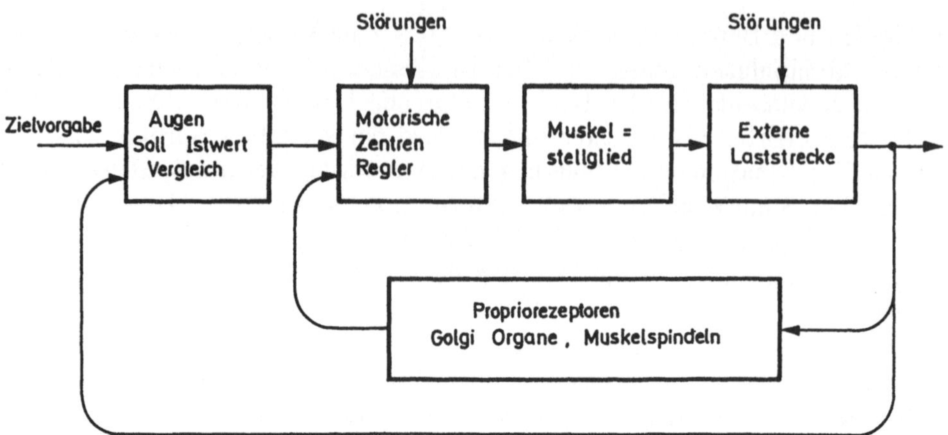

Bild 2.4: Vereinfachtes Mensch-Maschine-Regelkreismodell zur Untersuchung motorischer Lernvorgänge

rung Probleme auf, greift die nächsthöhere motorische Instanz in den Ablauf ein. Albus, 1982, leitet aus den neuronalen Begebenheiten im motorischen System ein hierarchisches Steuerungskonzept ab, das anhand von Robotern erprobt wird. Dabei werden aus neuronalen Schaltschemata im Kleinhirn sogenannte CMACs (cerebellar model articulation controller) als Grundeinheiten abgeleitet, die in Abschnitt 5 behandelt werden.

Bei den systemtheoretischen Ansätzen werden in zahlreichen Arbeiten Mensch-Maschine-Regelstrecken betrachtet. Solche Regelstrecken setzen sich aus den mechanischen Eigenschaften der Gliedmaßen (i.a. Arm-Hand-System) und derjenigen des externen Lastsystems (Handhabungsobjekte, zu bewegende Hebel, Tasten etc.) zusammen. Bei der Untersuchung der motorischen Funktionsstruktur steht die Modellierung des Arm-Hand-Last-Systems, den Propriorezeptoren in Muskel, Haut und Gelenken, sowie das visuelle Wahrnehmungssystem im Vordergrund (siehe Bild 2.4). Aus diesen Versuchen (Etschberger, 1973, McRuer, 1980, vanDijk, 1978, Setzer, 1981) heraus werden motorische Lernvorgänge in der Entwicklung eines Regelungskonzepts gesehen, bei dem die Führungsgröße und das Systemverhalten unter der Nebenbedingung der zu lösenden Aufgabe nach und nach verbessert und abgespeichert werden. Die Verwendung von a priori Wissen verkürzt den Lernvorgang erheblich und erlaubt die sofortige Kontrolle über eine andere ähnliche Laststrecke, ohne daß der Lernvorgang wieder von vorne beginnen muß. Die Klassifikation und Zuordnung von Regelparametern und Regelstrukturen auf ähnliche situationsbedingte Bewegungsfolgen wird kognitiven Elementen innerhalb des sensormotorischen Lernapparats zugeordnet. Diese kognitiven Elemente zur Klassifikation müssen sich aufgrund bestimmter Situationskriterien ausbilden, d.h. es entstehen Verhaltens- bzw. Steuerungsbindungen an Umgebungsmerkmale und Motivationskomponenten

(Klix, 1976). Eine allgemeine Beschreibung der Verkettung der kognitiven motorischen Anteile mit der motorischen Bewegungsplanung über die Gedächtnisstruktur, sowie der Verhaltens- und Gedächtniskorrektur existiert noch nicht in geschlossener Form. Die Komplexität des menschlichen zentralen Nervensystems, sowie die vielfältigen Verkoppelungen zwischen kognitiven und motorischen Zentren lassen nur stark vereinfachte Lernmodelle zu, die jeweils nur Teilaspekte der menschlichen Willkürmotorik wiedergeben. Gelernte bzw. trainierte Bewegungen werden beispielsweise mit fortschreitendem Training energetisch optimiert, was nur sehr schwer mit Umgebungsmerkmalen oder Motivationskomponenten zu begründen ist. Es existieren also noch zusätzliche Gütekriterien, denen die Verhaltens- und Bewegungsplanung unterliegt. Im folgenden Abschnitt wird ein stark vereinfachtes abstraktes Lernmodell eingeführt, in dem die periphere Motorik als ausführendes Systemelement, die Gedächtnisstruktur als Wissensbasis bezeichnet wird. Ein Lernelement zur Merkmalsbewertung, zur Verhaltens- und Gedächtniskorrektur wird hinzugefügt, das den Lernvorgang charakterisiert und Informationen aus der Umwelt verarbeitet bzw. transformiert sowie die Wissensbasis verwaltet.

3 Grundstruktur von lernenden Systemen

Die Ansätze zur Modellierung der in Abschnitt 2 skizzierten Lernsituation betonen besonders die Gedächtnisleistung zur Herstellung von Beziehungen zwischen Motivationsgrundlage, Situationsmerkmalen, angepaßten Verhaltensweisen sowie ihrem effektiven Nutzen. Die aus den Disziplinen Verhaltenspsychologie und Neurophysiologie entwickelten Modelle approximieren jeweils Teilaspekte der betrachteten Lernsituation und des Lernapparats.

Neben diesen grundlegenden Untersuchungen zum Verständnis des menschlichen Lernapparats werden insbesondere auf dem Gebiet der künstlichen Intelligenz Lernmodelle entwickelt, die Rechner mit der Fähigkeit zum Lernen ausstatten. Lernen wird dabei als Erwerb, Erweiterung und Verfeinerung von explizitem Wissen definiert. Das gelernte Wissen kann dabei die Form eines Regelsatzes haben, der durch eine Lernstrategie gefunden, erweitert und geordnet wird. Das lernende Wissenserwerbssystem kann beispielsweise neue Regeln aus vorgegebenen Lernbeispielen ableiten oder neue Regeln von Experten (Tutoren) übernehmen und in seine Wissensbasis integrieren. Ein Überblick über gängige Lernverfahren wird in Abschnitt 4 gegeben (siehe auch Buchanan, 1977). Eine andere allgemeine Definition (Simon, 1983) beschreibt Lernen als einen Prozeß, bei dem ein System seine aufgabenbezogene Leistungsfähigkeit steuert, optimiert und erweitert. Ein Lernvorgang liegt dann vor, wenn das System seine Aufgaben schrittweise nach Wiederholungen besser ausführen kann. Die gewünschte verbesserte Leistung des Systems wird erreicht, indem es neue oder modifizierte Methoden und Wissen anwendet, um insgesamt schneller, genauer und robuster arbeiten zu können. Lernen in diesem Sinne bedeutet also adaptive interne Systemänderungen vorzunehmen, die das System befähigen, eine definierte Aufgabe oder Aufgaben einer Problemgruppe (Population) bei Wiederholung sukzessive effizienter auszuführen (skill aquisition).

Während Lernen durch Wissenserwerb einen Prozeß darstellt, der die Generierung von neuen symbolischen Wissensstrukturen zum Ziel hat, liegen bei Optimierungs- und Verfeinerungsstrategien zur Steigerung der Leistung eines technischen Systems meist nicht symbolisch numerisch repräsentierte Prozesse zugrunde, wie sie bei adaptiven Regelungssystemen bekannt sind.

3.1 Modellbildung von lernenden Systemen

Zur weiteren Betrachtung maschinellen Lernens sei im folgenden gemäß Bild 3.1 ein einfaches Strukturmodell eines lernenden Systems eingeführt (Dietterich, 1982). Die Kästchen in dem Modell bedeuten Prozeduren, während die runden Körper deklarative Informationen wie Fakten oder Expertenaussagen sind. Die Pfeile verdeutlichen die Richtung des Informationsflusses in dem lernenden System. Das System besteht aus einem Ausführungselement (z.B. ein Robotersystem bestehend aus den Komponenten Planung, Exekutive und Überwachung), das zum einen die Vorgabe seiner Aufgabe und zum anderen das zur Ausführung der Aufgabe erforderliche Wissen benötigt. Das Wissen wird über ein Lernelement, das Informationen aus der Umgebung (z.B. Roboter-Weltmodell) und Rückmeldungen von dem Ausführungselement verarbeitet, generiert und verwaltet.
Das System hat die Aufgabe, eine ihm gestellte Aufgabe nach vorgegebenen Kriterien möglichst optimal auszuführen. Es wird aus der Umgebung mit Informationen beliefert, die in dem Lernelement verarbeitet werden. Das Lernelement benutzt diese Informationen, um diese in der Wissensbasis in Form von Regeln abzulegen. Das Ausführungselement benötigt diese Regeln, um seine ihm gestellte Aufgabe lösen zu können. Fehlerhafte oder fehlende Information, die zu einer fehlerhaften Ausführung der gestellten Aufgabe führt, wird über eine Rückführungsschleife dem Lernelement angezeigt. Entscheidenden Einfluß auf die Lernstrategie hat das Verhältnis von der ihm aus der Umgebung zuge-

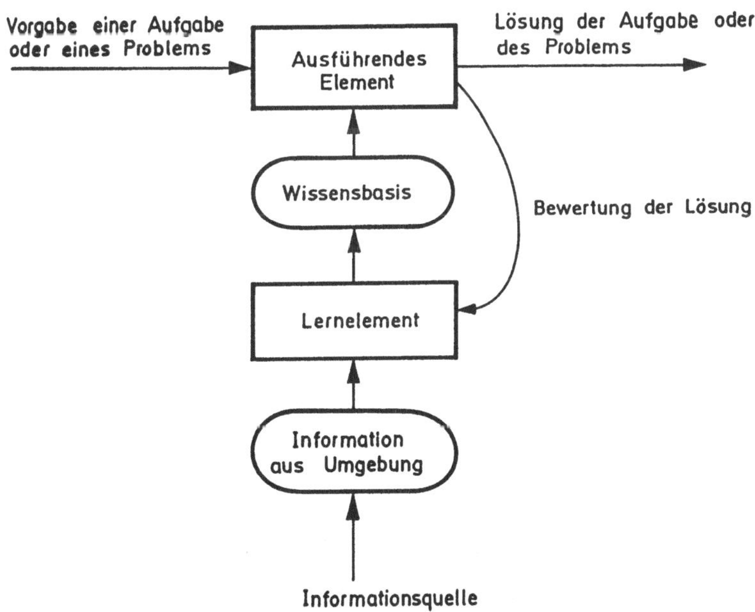

Bild 3.1: Vereinfachtes Modell eines lernenden Systems

führten Information zu den angeforderten Informationen des Ausführungselements. Insbesondere der Abstraktionsgrad der zugeführten Information ist hierbei von Bedeutung. Detaillierte Information ist dabei auf spezielle Probleme zugeschnitten, während abstrakte Information für eine größere Gruppe von Problemen relevant ist. Das Lernelement muß dabei die ihm zugeführte Information an die benötigte Information des Ausführungselement anpassen. Am Beispiel eines lernenden Roboters sei dies erläutert. Bekommt der Roboter eine sehr abstrakte Anweisung bezüglich seiner Aufgabe, so muß er die fehlenden Details als solche erfassen und selbständig ergänzen, damit er die Aufgabe in spezifischen Situationen ausführen und die abstrakte Information interpretieren kann. Bekommt der Roboter sehr detaillierte Informationen, wie er sich in speziellen Situationen zu verhalten hat, muß er diese abstrahieren, um sie auf eine breitere Problemklasse anwenden zu können. Im voraus ist dem Lernelement des Roboters nicht bekannt, ob und wie es fehlendes Detailwissen in seine Wissensbasis einfügt oder die unbedeutenden Details ignoriert. Durch Bildung von Hypothesen wird versucht, die Wissenslücke zwischen dem Ausführungselement und der Wissensbasis zu schließen. Das Lernelement erhält eine verstärkende oder abschwächende Rückmeldung bzw. eine Bewertung der Hypothese durch das Ausführungselement und kann diese, wenn nötig, modifizieren. In diesem Fall wird das System durch Probieren und Fehlererkennen ("trial and error") lernen.

Die Abstraktionsebene und Qualität der Information, die dem Lernelement zugeführt wird, legt die Art der Hypothesen, die das System generieren muß, fest. Die Information kann aus Beispielen in Form einer symbolischen Beschreibung und deren Klassenzugehörigkeit, ihre Bewertung oder ihre Lösung bestehen. Diese Eingaben werden mit dem bereits Gelernten in Verbinding gebracht. So wird aus den Beispielen Wissen in Form von Regeln, Annahmen und Heuristiken gewonnen, das zur Klassifikation, Bewertung oder Lösung von ähnlichen Problemsituationen eingesetzt werden kann. Der Verarbeitungsschritt ist dann meist eine Verallgemeinerung der Beispielsbeschreibung, sodaß alle Beispiele dieser Klasse gemeinsam beschrieben werden, ohne daß Beispiele anderer Klassen ebenfalls unter diese Beschreibung fallen können.

3.1.1 Das Lernziel

Die Lernziele eines intelligenten Robotersystems seien am Beispiel einer Hierarchie von ausführenden Systemelementen H_i (i=1,..,n) eines Roboters in Bild 3.2 angedeutet. Fünf Ebenen sind in dieser Hierarchie definiert, innerhalb denen jeweils spezifische Probleme und Aufgaben mit unterschiedlicher Komplexität und Abstraktion zu lösen bzw. auszuführen sind. Das Systemelement $H_{i=5}$ hat die Aufgabe, aus einer komplexen Handhabungsaufgabenbeschreibung (task level description) eine ausführbare oder lösbare Sequenz von Teiloperationen

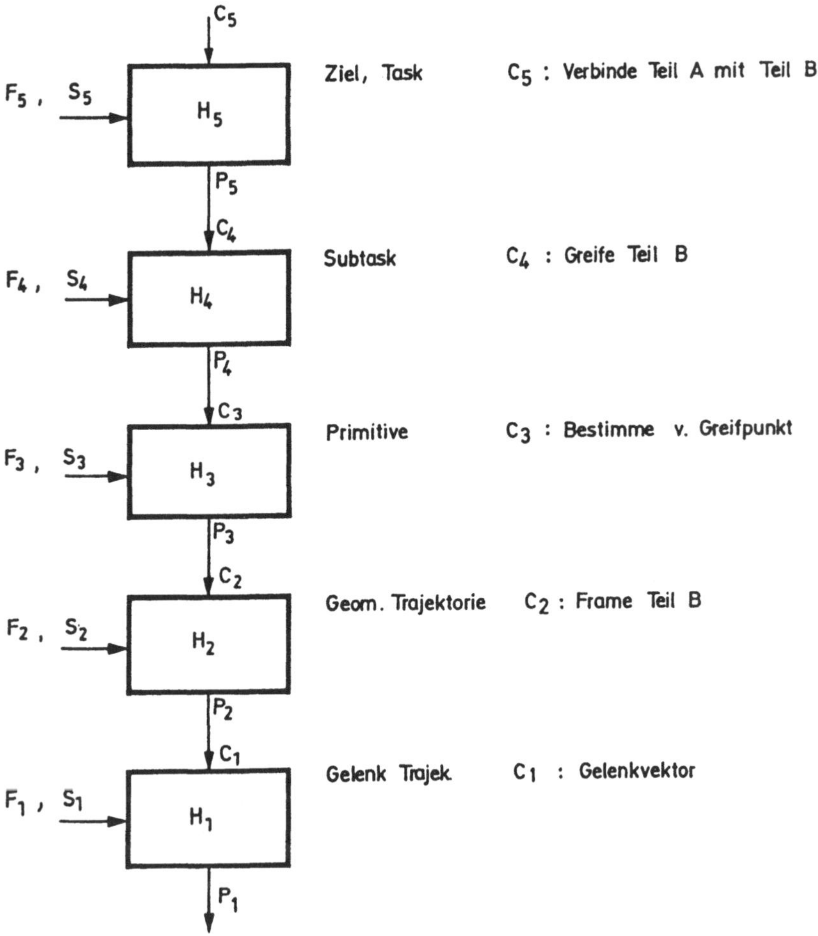

Bild 3.2: Hierarchie von ausführenden Systemelementen eines Robotersystems (nach Barbera, Fitzgerald und Albus, 1982)

bzw. Teilproblemen zu generieren (Taskdekomposition), die von dem tiefer liegenden Systemelement H_{i-1} ausgeführt und bearbeitet werden kann.
Die Beschreibung der Aufgabe sei durch C_i und die zur Lösung der gestellten Aufgabe benötigte Sensorinformation sei durch F_i gegeben. C_i und F_i können als Vektoren aufgefaßt werden, die einen Eingaberaum aufspannen. P_i ist der Ausgabevektor des Systemelements und beschreibt die Lösung der gestellten Aufgabe unter der Sensorbedingung F_i. Die Gesamtheit aller P_i spannt den Ausgabe- bzw. Lösungsraum des Systemelements H_i auf. P_i ist wiederum Ein-

gabevektor C_{i-1} für das nächsttiefer liegende Systemelement H_{i-1}. H_i bildet also die Vektoren C_i und F_i auf den Vektor P_i ab.
Der Eingabevektor C_5 des Systemelements H_5 auf der obersten Ebene beschreibt implizit die auszuführende Handhabungsaufgabe. H_5 benötigt zur Interpretation der Handhabungsaufgabe umfangreiches Planungswissen, um ausgehend von der Aufgabenbeschreibung und der Sensorinformation F_5 einen expliziten Aktionsplan oder eine Aktionssequenz (Ausgabevektor P_5) zu generieren. Heute bekannte Planungssysteme basieren auf Heuristiken, Regelsätzen und schlußfolgernden Mechanismen (Inferenzmaschinen). Lernziele auf dieser Ebene betreffen insbesondere die benötigten Fakten, Regeln und Heuristiken.
Das Lernziel ist dann erreicht, wenn für alle Vektorkombinationen C_5 und F_5 des Eingaberaums eindeutig von dem Roboter ausführbare Ausgabevektoren P_5 gefunden werden können. Der Eingaberaum kann z.B. durch eine Menge aller Greifoperationen für eine Werkstückklasse beliebiger Lage aufgespannt werden.
Der explizite Lösungsplan P_5 ist wiederum Eingabevektor für das nächst tiefer liegende Systemelement H_4. Hier findet die weitere Verfeinerung der Problem- und Aufgabenlösung sowie der Aktionsplanung statt. Die Anwendung von Operatoren, Heuristiken, Regeln, Entscheidungstabellen oder Zustandsautomaten sind Techniken, die das Ausführungselement zur Durchführung seiner Aufgabe befähigen. Lernziele auf diesen Ebenen haben die Erweiterung und Verfeinerung der genannten Strukturen zum Ziel. Die Ausführungselemente H_3—H_1 haben die Aufgabe, aus dem verfeinerten Lösungsplan die benötigten Steuerungsprimitiven, Beschleunigungen, Wirkkräfte, Sensorfunktionen u.s.w. zu generieren und auszuführen. Sie bilden adaptiver Regelkreise, die die Roboterbewegung nach Gütefunktionalen und Gütekriterien hin optimieren können. Adaptive Regelungen unterstützen die Verbesserung von Servoregelungen, hybriden Lage-/Kraftregelungen und Bahn- sowie Folgebewegungssteuerungen (siehe Kapitel 7). Die Lernstrukturen auf diesen Ebenen sind meistens auf die Optimierung von Gütefunktionalen bezogen, d.h. Parameter oder Strukturen algebraischer Ausdrücke sind zu generieren und zu verfeinern. Die Anordnung der Ausführungselemente entspricht einer Hierarchie von Taskdekompositionsoperatoren, die unter Berücksichtigung von Restriktionen (constraints) eine komplexe Aufgabenbeschreibung in ausführbare Aktionsfolgen, Kontrollstrukturen sowie Roboterbewegungen umsetzen.

3.1.2 Das Ausführungselement

Das Ausführungselement spielt in lernenden Systemen eine zentrale Rolle, da seine Fähigkeit zur Lösung von Problemen, Aufgaben oder Durchführung von Operationen Gegenstand des gesamten Systems sind. Es ist gekennzeichnet durch seine Komplexität, bzw. die Komplexität seiner Aufgabe, der Grad an Information, den es an das Lernelement zum Zweck der Wissensabstraktion zu-

rück gibt (feedback) und die Zugriffsmöglichkeit des Lernelements auf Wirkzusammenhänge zur Analyse der Ergebnisse des Ausführungselements.
Die Komplexität der Aufgaben wurde an der Hierarchie von Ausführungselementen in Bild 3.2 gezeigt. Die globalen Planungsoperationen auf der obersten Ebene (H_5) erfordern die Anwendung von Regelsätzen, die meist sequentiell angewandt werden. Montagegraphen, Restriktionen, Zwangsbedingungen und Verträglichkeitsbedingungen, geometrische Kontrollflächen sowie anwendungsspezifische Regeln sind hierbei zu verketten, um einen Bewegungsplan für eine robotergestützte Montageoperation zu generieren. Meist werden hierzu zunächst komplexe Aufgaben in möglichst unabhängige Teilaufgaben zerlegt. Für die Teilaufgaben ist teilaufgabenspezifisches Fachwissen notwendig, das in sogenannten "Knowledge Sources" gehalten wird. In der Robotik sind zur Unterstützung der Planung besonders Blackboardarchitekturen von Interesse. Eine Blackboardarchitektur ist ein globaler Datenspeicher, auf den die "Knowledge Sources" zugreifen können..Auf der Blackboard wird die gesuchte Problemlösung entwickelt und die gefundenen Lösungszustände abgespeichert. Nach jeder Veränderung auf der Blackboard können die "Knowledge Sources" prüfen, ob sie einen Beitrag zur Lösungsfindung leisten können. Wenn ja, wird nach dem nächsten Lösungszyklus der neue Lösungszustand in die Blackboard eingetragen. Die "Knowledge Sources" kommunizieren ausschließlich indirekt über die Blackboard unter Aufsicht eines Steuerungsmoduls. Mit der Komplexität der Aufgabe steigt die Zahl und Komplexität der benötigten Regeln. Die Frage ihrer Verträglichkeit untereinander wird relevant. Die Bewertung von Regeln bezüglich ihrer Effizienz wird bei Planungsaufgaben besonders schwierig, da erst die Ausführung des Plans Kriterien bezüglich Erfolg oder Mißerfolg liefert.
Das Lernelement verarbeitet die Information des Ausführungselements, um seine Hypothesen bewerten zu können. Aus dem Vergleich z.B. eines erwarteten Resultats mit dem tatsächlich erreichten aktuellen Resultat des Ausführungselements durch einen Güteindex kann die aktuelle Hypothese des Lernelements bewertet werden (Verstärkung und/oder Abschwächung). Besonders einfach wird die Bewertung, wenn die Wirkung einer Hypothese als "richtig" oder "falsch" bewertet wird, wie etwa in dem System OCP (operand conditioning program, Bartenstein 1983). Komplexe Zusammenhänge können damit sukzessive verfeinert werden.
Bei der Planung von Handlungsketten für Roboteranwendungen ist es sinnvoll, die Zwischenzustände der Planungsschritte zu bewerten, um die angewandten individuellen Regeln auf ihre Effizienz hin zu überprüfen. So kann nach jeder Anwendung eines Operators überprüft werden, ob die Planung dem gewünschten Zielzustand näher gekommen ist, ob also die Hypothese im Lernapparat sinnvoll war, oder zumindest das Zwischenergebnis nicht verschlechtert hat (vgl. Bild 3.3). Beispiele von Planungsoperatoren für Handhabungssequenzen sind in Fikes, Hart und Nilsson, 1972, Siklossy und Dreussi, 1973 und Carbonell 1983 beschrieben. Bisher wurde als Ausgabe des Hypothetisierens im Lernelement der Begriff "Regeln" verwandt, selbstverständlich können entsprechend

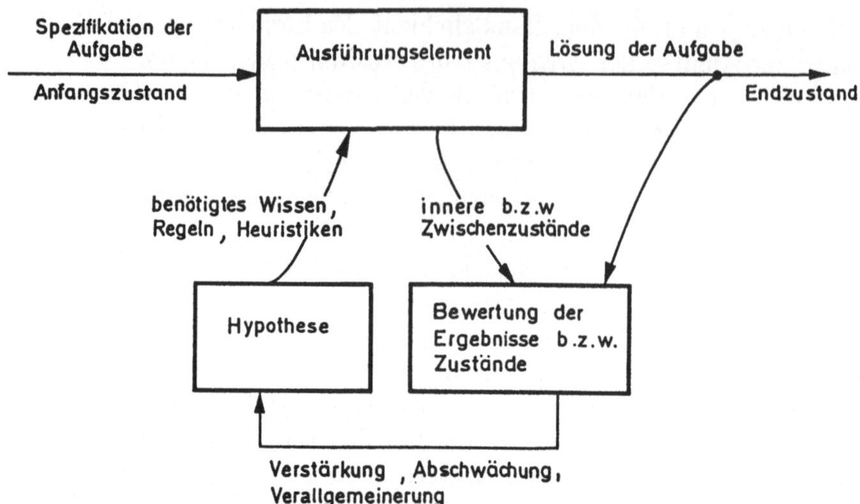

Bild 3.3: Informationsfluß von und zu dem Ausführungselement in einem lernenden System

des Charakters des Ausführungselements auch Parameter, algebraische Ausdrücke, Heuristiken oder allgemein Operatoren in lernenden Systemen Gegenstand der Hypothesenbildung sein.

3.1.3 Inhalt und Struktur der Wissensbasis im lernenden System

Die Repräsentation des gelernten Wissens in der Wissensbasis ist ein wesentliches Merkmal lernender Systeme. In der Literatur werden überwiegend Merkmalsvektoren, Prädikatenlogik, semantische Netze, Produktionsregeln, Frames, aber auch algebraische Ausdrücke (siehe Kapitel 4) verwendet. Die Repräsentation wird in jedem Fall an dem Ausführungselement ausgerichtet. Entscheidend ist die Aussagekraft des Wissens, sein Erweiterbarkeit bzw. Modifizierbarkeit und natürlich seine Eignung zum Ziehen logischer Schlüsse.
Die Wahl der Wissenspräsentation hängt zusätzlich von den Operationen ab, die von dem Lernsystem ausgeführt werden sollen. Sind zum Beispiel Situationen zu analysieren, eignen sich semantische Netze, Entscheidungsbäume oder Prädikatenlogik als Repräsentationsform. Sind Merkmale ungeordneter Objekte zu vergleichen, bieten sich Merkmalsvektoren an. Die Modifizierbarkeit des Wissens in der Wissensbasis ist eine wesentliche Voraussetzung in lernenden Systemen, da sie per Definition Wissen erwerben, modifizieren und erweitern müssen. Merkmalsvektoren, Prädikatenlogik und Produktionsregeln (Langley 1983) eignen sich besonders hierzu und werden daher häufig angewandt. Im Falle von prozeduralen Repräsentationen, die sich auf Zeiten oder Zwischenzu-

stände bei Roboteroperationen beziehen, treten bei Erweiterungen erhebliche Probleme auf.
Zur Manipulation des erworbenen Wissens ist die Verwendung von Meta-Wissen sinnvoll, das die Struktur des gespeicherten Wissens und seine Manipulation beinhaltet. Das Meta-Wissen ist dabei in Prozeduren eingebunden, die die Datenstrukturen manipulieren. Bei der Erweiterung des Wissens muß dies ebenso in dem Meta-Wissen berücksichtigt werden (Davis und Lenat 1980). Langley, 1983 beschreibt mit dem Programm SAGE ein lernendes Programm, das als Produktionensystem konzipiert ist. In diesem System können Produktionsregeln (Bedingungs-Aktions-Paare) modular in Abstimmung zu existierendem Wissen hinzugefügt werden.
Lernen besteht aus der Sicht der Wissenspräsentation in dem Hinzufügen von neuem Wissen, das mit bestehendem Wissen in Wechselwirkung treten kann. In jedem Fall muß ein Grundkörper von Wissen bereits existieren, damit das lernende System die ihm zugeführte Information klassifizieren und verstehen kann, um Hypothesen zu bilden und diese zu überprüfen und zu verfeinern. Die Transformation der zugeführten Information in relevantes Wissen für das Ausführungselement legt die Lernstrategie des Systems fest.

4 Klassifikation von Lernverfahren

Zur taxonomischen Einordnung maschineller Lernstrategien lassen sich zahlreiche Kriterien zur Klassifizierung, zum Vergleich und zur Abgrenzung unterschiedlicher Verfahren angeben. In dem Bereich der künstlichen Intelligenz sind folgende Kriterien aussagekräftig:

- Die unterlagerte Lernstrategie, die dem Gesamtsystem zugrunde liegt. Die Lernprozesse selbst können geordnet werden, nach der Anzahl logischer Schlüsse, die das Lernelement aus der verfügbaren Information (Umwelt und Ausführungselement) zieht.
- Die Art der Repräsentation des gelernten Wissens oder der gelernten Systemfähigkeit (skill) nach dem Lernvorgang.
- Die Anwendungsgebiete des Ausführungselements für welches das Wissen erworben wird (vergl. Kap.3).
- Das Verhältnis von der Information aus der Umwelt und seine Aussagekraft zu der Information die das Ausführungselement zur Durchführung seiner Aufgabe benötigt.

Weitere Kriterien wie Konvergenz, Speicherbedarf, Effizienz, Implementierungssprache etc. sind weitere Bewertungsfaktoren, die von der jeweiligen konkreten Implementierung abhängen. Im Folgenden werden die wichtigsten Lernstrategien und Wissenspräsentationsformen zur Klassifikation von maschinellen Lernverfahren zusammengestellt.

4.1 Unterlagerte Lernstrategien

Der Ausgangspunkt von Lernsituationen besteht darin, daß in der Wissensbasis Grundwissen vorliegt, das jedoch nicht ausreicht, das Ausführungselement zur Durchführung seiner Aufgabe zu befähigen. Die Aufgabe des Lernelements besteht nun darin, diese Wissenslücke zu schließen. Da das fehlende Wissen normalerweise nicht a priori, detailliert, strukturiert oder in geeigneter abstrakter Präsentation vorliegt, muß das Lernelement zunächst Hypothesen erstellen, die durch Rückmeldung des Ausführungselements entweder bestätigt oder verworfen werden. Entsprechend der dem Lernelement zugeführten Information und seiner Relevanz für das gesamte lernende System lassen sich acht grundlegende Lernsituationen und -strategien unterscheiden:

1. Mechanisches Lernen durch direktes Implantieren neuen Wissens:
Die Lernsituationen besteht darin, daß dem Lernelement genau diese Information zugeführt wird, die unmittelbar von dem Ausführungselement benötigt wird. Aus der zugeführten Information müssen weder logische Schlüsse gezogen noch Transformatinen durchgeführt werden. Die Information muß lediglich abgespeichert werden, um später von dem Ausführungselement direkt zur Ausführung seiner Aufgabe benutzt werden zu können. Formen dieser Lernsituationen sind beispielsweise
- das Teach-In von Frames und Trajektorien für Roboter
- das Generieren von Zustandstafeln (table look up)
- das Generieren von Entscheidungstabellen
- das Abspeichern von Fakten und Daten
- explizites Programmieren.
Häufig wird diese Lernart auch als "auswendig lernen" bezeichnet.

2. Lernen durch Unterweisung:
Zugrunde liegt unvollständiges Grund- und Detailwissen, das für das Ausführungselement nicht ausreicht. Dem Lernelement werden abstrakte Informationen in Form von Anweisungen oder Regeln übergeben. Die Transformation dieses abstrakten Wissens in eine konkrete für das Ausführungselement brauchbare Form wird Operationalisierung genannt. Das System muß die abstrakte Eingabeinformation interpretieren und in seine bereits vorhandene Wissensstruktur eingliedern. Fehlende Detailinformation muß das Lernsystem durch Hypothesenbildung finden oder ersetzen. Die Roboterunterweisung "vermeide Kollisionen mit Hindernissen" hat die Generierung von konkreten ausführbaren Kollisionsvermeidungsstrategien, die die Roboterbewegungen an Kolissionsobjekten vorbeiplanen zur Folge. Die Operationalisierung kann analog zu gewöhnlichen Sprachcompilern gesehen werden, die abstrakte, nicht direkt ausführbare Anweisungen in direkt interpretierbaren Maschinencode umsetzen. Operationalisieren ist ein aktiver Prozeß, der die Konsequenzen der abstrakten Unterweisung ableiten kann und im Konfliktfall weitere Unterweisungen anfordern kann. Mostow beschreibt in seiner Arbeit (Mostow, 1981) den Prozeß der Operationalisierung detailliert am Beispiel von Kartenspielen, wo insbesondere unvollständige Information über die Kartenverteilung (Zustand der Welt) vorliegt. Operationalisierung bedeutet die Konvertierung von Wissen über ein Aufgabengebiet in Prozeduren zur Ausführung der Aufgabe.
Ein solches System könnte z.B. einen Dialog mit einem menschlichen Experten führen. Dabei gibt der Experte sein Wissen an das System weiter. Der verstandene Teil davon kann das System später eigenständig anwenden.

Bei Unklarheiten, Mehrdeutigkeiten und Fehlen von benötigten Informationen fragt das System nach. Ob seine Eingaben auch wie beabsichtigt verstanden wurden, kann der Experte seinerseits durch Überprüfungsfragen kontrollieren. Von Anfang an sind dem System einige wenige grundlegende Konzepte vertraut, wie Mengen, Teilmenge, Regeln, Fakten, Dinge u.s.w. Dazu wird das Wissen gebraucht, den Dialog zu führen und zu verstehen, wobei eine natürliche Sprache angestrebt wird. Das Verstandene muß dann mit den vorgegebenen oder erlernten Konzepten verknüpft werden. Ist die Eingabe eine Frage, muß sie Datenbank-ähnlich in eine Datensuche übersetzt werden und ihr Ergebnis dem Experten in seiner Sprache zurückübermittelt werden. Das Grundwissen besteht hier im wesentlichen im Umgang mit Sprache und im Abspeichern von Informationen. Die Fähigkeit, mit Sprache umzugehen, wird in semantischen Netzen und Parsing-Regeln codiert. Die wenigen Konzepte, die dem System von vornherein bekannt sind, werden z.B. in Frames gehandhabt und oft in Zugriffsmechanismen der Datenspeicherung übertragen. An nicht gemachten Einträgen in solchen Frames, die aber als notwendig postuliert wurden, erkennt das System Eingabelücken.

3. Lernen aus Beispielen (auch induktives Lernen):
Ausgangspunkt dieser Lernstrategie ist ein Satz ausgesuchter Beispiele (Positiv- und/oder Negativbeispiele) eines Konzepts. Die Beispiele für sich sind sehr spezifisch und detailliert und erfordern von dem Lernelement die Bildung einer Hypothese (Induktion), die das allgemeine Konzept, z.B. alle positiven Beispiele, beinhaltet. Durch wiederholte Bearbeitung der Beispiele oder neuer Beispiele, sowie der Bewertung des Konzepts durch das Ausführungselement, muß das Lernelement die Hypothesen zu allgemeinen Regeln (Konzepte) verfeinern und optimieren. Beispiele können als Elemente sehr spezifischen Wissens betrachtet werden, die verallgemeinert werden, um zur effizienten Aufgabenerfüllung des Systems beizutragen.
Dem lernenden System werden spezifische Beispiele in Form eine symbolischen Beschreibung und deren Klassenzugehörigkeit, ihre Bewertung oder ihre Lösung mitgeteilt. Diese Eingaben werden mit dem Gelernten in Verbindung gebracht und verarbeitet. So wird aus den Beispielen Wissen in Form von Regeln, Annahmen und Heuristiken gewonnen, das der Klassifikation, Bewertung oder Lösung von ähnlichen Problemsituationen eingesetzt werden kann. Der Verarbeitungsschritt ist meistens eine Verallgemeinerung der Beispielsbeschreibung, so daß alle Beispiele dieser Klasse gemeinsam beschrieben werden, ohne daß Beispiele anderer Klassen ebenfalls unter der Beschreibung verstanden werden können. Das System muß für seine Arbeit die symbolische Beschreibung verstehen und mit der Beschreibung der Klasse vereinbaren. Dazu sind Verallgemeinerungsregeln, aber auch Vereinigungsregeln und Ausgrenzungsregeln für Negativbeispiele zur Verfügung zu stellen. Dabei sollen Wertemengen der Komponenten be-

kannt und in Schlußmöglichkeiten integriert sein. Die Beispielsbeschreibung liegt oft in spezieller und erweiterter Prädikatenlogik oder in Frames vor. Schlußmöglichkeiten und Operatoren werden durch Heuristiken und Regeln repräsentiert. Durch das Einbringen und Bearbeiten zusätzlicher Information kann das Lernen von Beispielen unterstützt werden. Mit Anmerkungen an den Deskriptoren oder mit Einschränkungen im Deskriptor- oder Beispielraum und Regeln, die derartige Erkenntnisse verwerten, können Erfolge effizienter erreicht werden. Ein problematischer Punkt ist die Bewertung der Relevanz einzelner neuer oder vorgegebener Deskriptoren und Attribute im Hinblick auf das Klassifikationsziel.
Werden die Beispiele auf den Wissensstand des Systems zugeschnitten [Winston, 1970] und mit Kontextinformation erweitert, wird die Hypothesenbildung zu einem konvergierenden Konzept wesentlich beschleunigt. Die Verallgemeinerung des erworbenen Wissens ist der Kernprozeß in dieser Lernsituation. Lernen aus Beispielen kann zum Erlernen von einzelnen Konzepten, mehreren Konzepten, oder zu Konzepten für Aufgaben, die aus zahlreichen Einzelschritten (Handlungsketten) bestehen, angewandt werden. Induktives Lernen zur Planung von Handlungsketten wird in der Robotik intensiv untersucht.

4. Lernen aus Analogien:
Das Lernelement wird mit Informationen versorgt, die nur für analoge Aufgaben und Situationen einer Informationsklasse von Relevanz sind. Die Aufgabe des Lernelements besteht darin, analoge Aufgaben oder Situationen als solche zu klassifizieren, auf die analoge Regeln und Hypothesen angewandt werden können. Bei Robotern sind Analogien bei zahlreichen Montageaufgaben, wie z.B. die Problemkreise Schrauben, Fügen oder Greifen zu finden. Ist eine Aufgabe eines Klassentyps einmal gelöst, kann die Lösung auf ähnliche Probleme angewandt werden.
Zurückliegende Aufgaben und deren Lösungen werden gespeichert. Zur Lösung einer solchen Aufgabe wird aus dieser Sammlung eine möglichst ähnliche Anforderung gesucht und deren Lösung wird so abgeändert, daß sie das neue Problem löst. Zur Beschreibung der Aufgabe und zur Defition von Ähnlichkeit gehören die Einschränkungen und die Randbedingungen, unter denen die Aufgabe gelöst werden muß. Das System muß entscheiden können, wie ähnlich sich zwei Probleme und ihre Voraussetzungen sind. Dieses Ähnlichkeitsmaß sollte auf kozeptueller Ebene bereitgestellt werden. Weiteres Wissen wird darüber benötigt, wie man eine Lösung verändern und an ein neues, ähnliches Problem anpassen kann und wie man die Suche nach den richtigen Änderungsoperatoren steuern kann. Sowohl die Operatoren zur Lösung der Aufgabe als auch die Operatoren zur Anpassung der Lösung werden als Regeln und Heuristiken abgespeichert. Auch die Steuerung der Lösungsanpassung liegt als Sammlung von Heuristiken vor. Damit haben verschiedene Ebenen von Wissen dieselbe Repräsenta-

tionsform. Die Aufgabe, eine alte Lösung für ein neues Problem verwendbar zu machen, kann mithilfe von Analogien geschehen, wenn man ähnliche Transformationen schon einmal gemacht hat und herausfindet, wie diese alte Transformation auf die gesuchte neue zu übertragen ist. Gleiche Repräsentationsform von Wissen verschiedener Ebenen impliziert die Möglichkeit, die gleichen Operatoren und Lernvorgänge auf verschiedenen Schichten ablaufen zu lassen. Für den Fall, daß keine analogen Probleme gefunden werden, sollte die Lösung das bestehenden Problems mit anderen Mitteln versucht werden. (Vollständige Suche im Lösungsraum, Ausprobieren). Wird ein Lösungsplan oder dessen Analogien häufig zur Lösung neuer Probleme herangezogen, so kann es die Effizienz erheblich steigern, diesen zu verallgemeinern und in Zukunft als Operation anzusprechen, die gleich auf ihre Problemklasse angewendet wird, ohne erneut analoger Schlußweisen zu bedürfen. Daneben sind weitere Maßnahmen zu erwägen, die weiter Transformationsregeln und Heuristiken entwickeln oder bestehende verfeinern. Wenn sich die zu lösenden Probleme ändern, verlieren die Ähnlichkeitsmaße und die Heuristiken zur Lösungsanpassung an Leistungsfähigkeit und Angemessenheit. In solchen Fällen zeigt sich die Wichtigkeit, auch die Heuristiken und das Schlußwissen dynamisch zu verändern und neu auszurichten. Es kann sogar eine Neuorganisation des "Gedächtnisses" erforderlich werden. Diese Vorgänge sollen maschinell ablaufen, auch wenn die Techniken dazu noch erprobt werden müssen.

5. Lernen durch Experimentieren:
Bei dieser Lernsituation wird das Lernelement nicht direkt mit Informationen aus der Umwelt versorgt. Das System führt als Experiment Situationen selbst herbei, oder variiert Parameter, um die Ergebnisse zu bewerten und Hypothesen zu bilden oder zu verwerfen. Häufig werden dabei Simulationsverfahren verwendet, die z.B. Roboteroperationen und die dabei erzeugten Wechselwirkungen mit der Umwelt virtuell nachbilden. Lernen durch Experimentieren hat eine geschlossene Struktur der Informationseingabe. Es gibt eine Wissensbasis, die das bisher Gelernte beinhaltet. Diese Basis wertet ein Generalisierer aus, um dem Problemgenerator zu ermöglichen, ein Problem zu erstellen, das nach Eigentümlichkeiten in der Basis und nach spezifischen Richtlinien entworfen wird. Das Problem soll nach seiner Verarbeitung die Wissensbasis sinnvoll, gezielt und effizient erweitern. Es wird dazu an die Problemlösungskomponente weitergegeben. Findet der Problemlöser eine Lösung, so wird diese an den Kritiker weitergegeben. Dieser bewertet jeden Operator in der Lösung danach, wie gut seine Anwendung die Lösung vorangebracht hat. Diese Bewertung der angewandten Operatoren wird dem Generalisierer übergeben, der damit nach der Methode "Lernen aus Beispielen" den Anwendungsbereich des Operators in der Wissensbasis modifiziert. Die geänderte Basis dient dann dem Problemgenerator erneut als Grundlage für seinen nächsten Erzeugungs-

schritt. Für den Problemgenerator ist Wissen nötig, das festlegt wie und woraus neue Aufgaben erzeugt werden sollen. Der Generalisierer braucht die Fähigkeit, die Stellen in der Basis zu erkennen, die noch weiter verfeinert und ausgearbeitet werden sollen. Dieses Grundlagenwissen bestimmt die Richtung der künftigen Entwicklung. Außerdem muß der Generalisierer in die Lage versetzt werden, die Bewertungen des Kritikers in die notwendigen Änderungen an den Verwendungsangaben der Operatoren zu übersetzen. Der Problemlöser braucht Wissen über den Umgang mit unvollständig gelernten Regeln aus der Basis. Desweiteren muß Grundwissen vorliegen, um dem Kritiker die Bewertung der Operatoranwendungen zu ermöglichen. Alle Bereiche des Grundwissens sind durch Regeln, Heuristiken und Produktionssysteme zu realisieren. Auch das Lernziel zielt auf Wissen in dieser Form ab; es werden ja Heuristiken gelernt und schon während der Lernphase wieder abgerufen. Deshalb können die problembezogenen und die systemsteuernden Heuristiken in einer Wissensbasis gehalten werden und den Systemkomponenten in gleicher Weise zugänglich gemacht werden. Durch die allgemeine Verfügbarkeit von systemsteuernden Heuristiken kann z.B. die Aufgabe des Kritikers besser gelöst werden. Wenn er weiß, warum ein Problem generiert wurde, kann er die Bewertung der Lösungsoperationen auch im Hinblick auf die Ursachen vornehmen, die gerade zur Erzeugung des Problems geführt haben. Die vielfältigen Bereiche des notwendigen Grundwissens verweisen auf die Möglichkeit, das Grundwissen auch in diesen Belangen dynamisch, flexibel oder sogar lernend zu gestalten.

6. Lernen durch Beobachtung:
Gegeben werden eine Menge von Beobachtungen (Objekte) und eine Menge von Attributen zur Charakterisierung. Mit Hilfe eines Qualitätskriteriums für die erreichte Klassifikation und weiterem Hintergrundwissen wird dann eine hierarchische, disjunkte Klasseneinteilung mit einem einzigen konjuktiven Beschreibungskonzept unter Optimierung des Qualitätskriteriums gesucht. Geleistet wird diese Aufgabe mittels eines Algorithmus zur konzeptuellen Ballungsanalyse in genau k Ballungsräumen bei Optimierung des Kriteriums. Dieser Teilalgorithmus wird von dem Hauptalgorithmus mit verschiedenen kleinen Werten für k aufgerufen und dasjenige k und die dazugehörigen Ballungskonzepte mit dem besten Ergebnis werden zur nächsten Ebene der Klassifikationshierarchie gemacht. Dann arbeitet der Hauptalgorithmus rekursiv auf den eben erzeugten Folgeknoten bis die Beschreibung in den Teilkonzepten weniger gut ist als die Beschreibung in dem übergeordneten Gesamtkonzept.
Der obige Teilalgorithmus wählt solange k Beobachtungen aus, verallgemeinert diese zu speziellen Ereignismengen (starts) und konstruiert aus deren Beschreibungen disjunkte Klassifikationen bis sein Abbruchkriterium erfüllt ist. Bei Wiederholung der Schleife werden dann k neue Beobachtun-

gen entweder aus den Zentren oder von den Rändern der gefundenen Ballungsräume ausgewählt, je nachdem ob die Qualität der letzten Klassifikation zunahm oder sank. Die beschriebenen Algorithmen führen Parameter, deren Werte noch als Grundwissen vorgegeben sein müssen. Genauso vorgegeben sind das Qualitätskriterium und die Auswahl der Attribute. Dazu kommt noch regelbasiertes Wissen für die internen Prozeduren der Algorithmen. Die Art des Grundwissens für die Vorgaben legt die Repräsentation in Form von Parametern und algebraischen Formeln fest. Die Implementierung der Algorithmen bestimmt die Form des Operationalen Wissens.
Die Erzeugung der disjunkten Klassen aus den verallgemeinerten Ereignismengen erfordert exponentiellen Aufwand. Statt vollständig berechnet zu werden, kann dieser Schritt durch zusätzliche Heuristiken eingeschränkt und gesteuert werden. Die gefundene Hierarchie hängt vor allem von der Auswahl der relevanten Attribute ab. Aber auch verschiedene andere Vorgaben erzeugen verschiedene Ergebnishierarchien. Der Benutzer muß dann entscheiden, welche er für die angemessenste hält.

7. Lernen durch Entdeckung:
Das System führt eine Agenda, eine Liste mit Aufgaben und Untersuchungen und deren Begrüngung und Plausibilität. Aus dieser Liste wird wiederholt die plausibelste Aufgabe ausgesucht und bearbeitet. Im Verlauf der Berechnungen werden ggf. neue Aufgaben in die Agenda eingetragen, die Plausibilitäten einiger Aufgaben können geändert werden oder neue Konzepte werden eingeführt oder bestehende erweitert. Der Lernprozeß besteht in der Entdeckung immer neuer Konzepte und deren praktischer Erprobung. Zur Lösung seiner Aufgabe und zur Durchführung seiner Untersuchungen muß das System mit den entsprechenden Operatoren, Anleitungen und Kenntnissen ausgerüstet sein. Dazu braucht es Regeln zur Plausibilitätsberechnung und Wissen zur Erzeugung neuer Aufgaben und zur Bestimmung neuer Untersuchungen. Sowohl die Auswertung, Anwendung als auch für die Umformulierung, Erweiterung und Generierung seiner Konzepte werden Operatoren und Steuerungen eingesetzt. Die vorgegebenen Komponenten der Konzepte und ihre Verwendung in Heuristiken stellen wichtige Teile des Grundwissens dar. Zu Beginn muß das System also noch mit den initialen Konzepten aus dem Untersuchungsgebiet versehen werden. Für die vielschichtigen Operatoren und deren Kontrolle bieten sich Regeln und Heuristiken an. Die Konzepte können als Frames implementiert werden, einschließlich eines Attributes, Plausibilität oder Entwicklungswert. Der Benutzer soll jederzeit die Agenda und die Aufgabenauswahl mit Begründung mitverfolgen können. Er kann auch interaktiv in den Prozeß eingreifen und z.B. Namen für neue Konzepte vorgeben oder auch steuernd tätig werden und Plausibilitäten von außen her verändern. Geht die Entdeckung über einen absehbaren Rahmen hinaus, können sich

die Anforderungen ändern und die Lösungsmethoden und die Heuristiken auf allen Ebenen müssen sich ebenfalls anpassen. Dies erfordert eine Theorie zur Anwendung und Anpassbarkeit von Heuristiken sowie zur Änderung und Neubildung von Heuristiken mittels Heuristiken. Vielversprechend ist es deshalb, Heuristiken als "frame-like-concepts" zu implementieren; mit speziellen Attributen wie Anwendungsbereich und Operation aber auch mit Angaben zur Entstehung, Begründung und Abhängigkeiten. Es ist eine Eigenschaft des Systems, daß alle aufgefundenen Konzepte interpretiert werden und in die Sprache des Menschen übersetzt werden müssen. Sie sind allzuoft nicht selbsterklärend.

8. Lernen durch Operationalisieren:
Hier liegt ein System vor, das bereits über Wissen aus seinem Anwendungsgebiet verfügt. Ihm wird von einem intelligenten Beobachter seines Verhaltens ein Ratschlag, ein Tip oder ein Hinweis zur Nachhilfe erteilt. Für ein Montagesystem könnte dieser z.B. lauten: Vermeide es, kleine Objekte dicht neben andere kleine Objekte zu legen. Diese Eingabe erfolgt in einer Weise, die das System nicht direkt befolgen kann und es wird keine uneingeschränkte Gehorsamkeit beabsichtigt. Das System übersetzt die Anweisung in eine Folge von Operationen oder in geänderte Heuristiken, die dann bestimmte Operationsfolgen bevorzugen. Damit wird in Zukunft immer dann der Anweisung Rechnung getragen, wenn das System eine solche Operationsfolge ausführt (siehe auch Lernen duch Unterweisung). Das Lösen von Aufgaben aus dem Anwendungsgebiet erfordert Hintergrundwissen, mit dem das System auch ohne Operationalisierung arbeitet. Dieser Kern wird nun mit folgenden Schalen umgeben.
    - Wissen über die Bedeutung und die Eigenschaften des Hintergrundwissens
    - Wissen zur Darstellung der Eingaben
    - Wissen, wie diese Schritt für Schritt in Operationen zu übersetzen ist
    - Wissen über die Steuerung und Hinleitung der Übersetzung zum Operationalisierungsziel
    - Wissen über die Methode, die Programmart (vollständige Suche, Heuristische Suche, Test, Sortierung) die die zu findende Operatorfolge bestimmt.

Das Hintergrundwissen soll so repräsentiert sein, daß das Ereignis der Operationalisierung leicht ergänzt werden kann, also Regeln, Heuristiken, semantische Netze, Entscheidungsbäume, Graphen werden bevorzugt. Für die Darstellung der Operationalisierungsmethoden und für das Eingabeformat bieten sich Frames und Produktionssysteme an. Die weiteren Wissensgebiete werden mit Heuristiken aufgebaut. Hilfsmittel, die über eine schlichte Erweiterung des Grundwissens hinausgehen, sind bisher nicht bekannt. Die Steuerung und Kontrolle der Transformationsschritte von der

Eingabe zur Operatorfolge hat in der Anwendung der Mensch übernommen. Wegen der hohen Komplexität und der großen Suchraumtiefe (im Beispiel etwa 100 Transformationsschritte) ist eine Automatisierung dieser Komponente sehr schwierig.

4.2 Präsentation gelernten Wissens

Ein lernendes System kann beispielsweise
- Parameter eines technischen Prozesses
- algebraische Ausdrücke
- Beschreibungen physikalischer Objekte
- Planungsregeln
- Problemlösungsheuristiken
- Roboterhandlungsketten etc.

lernen. Die Beispiele können beliebig auf weitere Anwendungsgebiete ausgedehnt werden. Zur Eingrenzung und zur weiteren Klassifikation von Lernsystemen werden im Folgenden die Präsentationsformen von gelerntem Wissen als Merkmal aufgelistet. Häufig auftretende Repäsentationen sind:

1. Parameter in algebraischen Ausdrücken:
   Parameter in algebraischen Ausdrücken sind Zahlen oder Koeffizienten in Formeln bekannter Struktur und stellen somit numerisches Wissen dar, z.B. in Steigungen von Ausgleichsgeraden oder in der Lage von Trennflächen. Lernen in diesem Kontext besteht darin, numerische Parameter oder Koeffizienten in algebraischen Ausdrücken konstanter Form (Struktur) zu finden oder zu optimieren, um ein vorgegebenes Kriterium (Güteindex) zu erfüllen (siehe adaptive Regelung). In der Robotik wird parametrisches Lernen zur Optimierung von Regelkreisen, sowie zur Optimierung und Adaption von Trajektorien angewandt.

2. Strukturen algebraischer Ausdrücke:
   Strukturen algebraischer Ausdrücke sind Formeln von Funktionen und spiegeln damit Kenntnisse von der Abhängigkeit zwischen Eingangsgrößen und Funktionswert wieder. Strukturen, Parameter und Koeffizienten in algebraischen Ausdrücken sind zu finden und zu optimieren, um ein vorgegebenes Gütekriterium, unter angegebenen Rand- und Nebenbedingungen zu erfüllen (Regelungsgesetze, Trajektorien, Kollisionsvermeidungsalgorithmen etc.).

3. Assoziierte Paare von Eingangsvariablen und Ausgangsvariablen:
   Tabellen aus Eingangs/Ausgangsvariablen-Paare stellen diskretes Wissen über den Zusammenhang von Variablen dar. Lernziel sind hierbei Zuordnungen von Eingangsvariablen zu Ausgangsvariablen in Form von Zustandstafeln, wobei der kausale Zusammenhang, sowie der Transitionsmechanis-

mus nicht notwendigerweise bekannt sein müssen. Albus beschreibt in [Albus, 1975] die Benutzung solcher Tafeln (CMAC, **C**erebellar **M**odel **A**rticulated **C**ontroller) zur Steuerung sensorgeführter Roboter (auch Zustandsautomaten).

4. Entscheidungsbäume:
Entscheidungsbäume sind Bäume, deren Blätter Entscheidungen vertreten, wobei Knoten, die keine Blätter sind, für Fragen oder Auswahlmöglichkeiten stehen. Die wegführenden Kanten sind dann mit den Antworten assoziiert. Entscheidungsbäume werden in der Robotik häufig angewandt, um Objektklassen aber auch Situationen zu erkennen und zu unterscheiden. Roboterentscheidungen in kritischen Situationen erfordern zunächst eine Analyse und Klassifikation der aktuellen Situation, um geeignete Reaktionen auswählen zu können. Die Situationsklasse kann über Entscheidungsbäume gefunden werden. Die Knoten eines Entscheidungsbaums korrespondieren mit relevanten Attributen, die Kanten mit den alternativen Werten dieser Attribute. Die Blätter des Entscheidungsbaums korrespondieren mit Situationen der gleichen Klasse.

5. Produktionsregeln:
Produktionssysteme, Regeln und Heuristiken sind Bedingung-Aktion-Paare, leicht zu interpretieren und häufig und sehr allgemein zu verwenden. Von Produktionssystemen soll gesprochen werden, wenn feste syntaktische Zusammenhänge vorliegen, von Regeln wenn sichere Transformationen gemeint sind und von Heuristiken, wenn der Aktionsteil mehr Vorschlagcharakter hat. Produktionsregeln im Sinne eines Bedingungs-Aktionspaars $\{ B \Rightarrow A \}$ sind sehr einfach aufgebaut und leicht zu interpretieren. Sie werden daher in lernenden Systemen häufig benutzt. Neben der Konstruktion neuer Produktionsregeln durch das Lernelement können zusätzlich noch drei Grundoperationen unterschieden werden:
   a. Verallgemeinerung einer Produktionsregel: Die Bedingung in der Produktionsregel wird weniger restriktiv ausgelegt, dafür kann die Regel auf eine größere Situationsmenge angewandt werden.
   b. Spezialisierung einer bestehenden Produktionsregel:Zusätzliche Bedingungen werden der Produktionsregel hinzugefügt, wobei die Anwendungsmenge kleiner, d.h. spezieller wird.
   c. Zusammenfassung mehrerer Regeln zu einer komplexen Regel zur Eliminierung redundanter Bedingungen oder Aktionen.

6. Semantische Netze:
Semantische oder auch assoziative Netze sind spezielle gerichtete Graphen mit einer definierten Syntax. In den Graphen treten definierte, vorher vereinbarte Knoten- und Kantentypen auf. Auf der als semantisches Netz repräsentierten Wissensstruktur arbeiten Kontrollalgorithmen, die unabhängig von dem speziellen Inhalt des Netzes sind. Bei gleicher Syntax des Netzes, aber anderem repräsentierten Wissen kann der gleiche Kontrollalgorithmus

angewandt werden. Also können ganz unterschiedliche Sachverhalte mit einem Formalismus beschrieben werden. Alle Ansätze für semantische Netze geben zunächst eine Syntax vor, unterscheiden sich aber lediglich in der konkreten Wahl der Syntax. Semantische Netze werden häufig zur Verarbeitung sensorischer bildhafter Daten, sowie zur Analyse von Situationen bei Handhabungssequenzen von Robotern angewandt. Insbesondere die Klassifikation von Objekten, ihre Position und Drehlage, sowie die Ermittlung von Manipulationsparametern (z.B. Greifflächen) fallen in diesen Problemkreis (ausführliche Beschreibung in Findler, 1979)

7. Graphen und Netzwerke:
   Graphen und Netzwerke stellen Wissen mit wenigen, elementaren Mitteln wie Kanten, Knoten und Gewichten dar und nutzen die gesammelten Algorithmen und Erfahrungen mit Graphen. Ein Aktionsplan kann durch Graphen oder durch Netze beschrieben werden. Lerntechniken auf Graphen angewandt nutzen Graphtransformationen und -vergleichsverfahren, um Ähnlichkeits- oder Vergleichsoperationen auszuführen.
8. Frames:
   Ein Frame ist eine verallgemeinerte Liste von Eigenschaften (Minsky, 1975) die als Assoziationsliste repräsentiert werden kann. In der Robotik werden Frames zur Beschreibung von Ort und Orientierung von Objekten und Effektoren verwendet. Sie eignen sich zur Präsentation von Handhabungsplänen.
9. Formale logik-basierte Ausdrücke und Formalismen:
   Formale, logikbasierte Ausdrücke und Formalismen nutzen die Komponenten der Logik wie Bedingungen, Prädikate, Variable, Restriktionen usw. in Form von Ausdrücken und Funktionen zur Beschreibung und Manipulation von Objekten und Konzepten. Diese Präsentation wird benutzt zur Beschreibung strukturierter Objekte und Situationen sowie von Konzepten.

   Die Präsentation hat die Form von formal logischen Ausdrücken, deren Komponenten Bedingungen, Prädikate, Variable, Restriktionen für Variable oder logische Ausdrücke sind.
10. Merkmalsvektoren:
    Merkmalsvektoren sind Ausprägungen einer festen Anzahl von Merkmalen, so daß alle zu beschreibende Objekte durch sogenannte Tupel (meist numerischer Natur) gekennzeichnet werden können. Merkmalsvektoren beschreiben Objekte mit einer konstanten Anzahl von Merkmalen. Die Elemente der Vektoren haben einen endlichen Wertevorrat. Merkmalsvektoren berücksichtigen nicht innere Stukturen der Objekte die sie beschreiben. Sie sind einfach zu manipulieren.

Zur weiteren Beschreibung von Klassifikationskriterien, wie z.B. die Zusammenstellung von Anwendungsgebieten von Lernsystemen wird auf die Literatur verwiesen. Im folgenden wird das Anwendungsgebiet Robotik und angrenzende technische Bereiche eingrenzend betrachtet.

5 Mechanisches Lernen ohne Transformationsprozesse

Das in Abschnitt 3 vorgestellte einfache Modell eines lernenden Systems wird in diesem Abschnitt unter dem Gesichtspunkt der automatischen Abspeicherung assoziativer Wertepaare diskutiert. Dem Lernelement werden assoziierte Ein- und Ausgabevektoren übergeben, die das Ausführungselement zur Durchführung seiner Aufgaben benötigt. Die Wissensakquisition besteht also darin, das Verhalten des Ausführungselements durch Abspeicherung der Zuordnungen aller Eingabevektoren des Eingaberaums zu den entsprechenden Ausgabevektoren zu erfassen. Ausgehend von wenigen Repräsentanten des Eingabe- und Ausgaberaums, können die assoziierten Vektorpaare sukzessive erweitert werden., bis der gesamte Ein- und Ausgaberaum mit genügender Genauigkeit das Verhalten des Ausführungselements beschreibt. Die assoziierten Vektorpaare stellen einen Zustandsautomaten dar, der das Verhalten des Ausführungselements bezogen auf seine Ein- und Ausgangsvektoren beschreibt. Die Struktur eines solchen Lernelements und die damit verbundene Abspeicherungsproblematik wird in diesem Abschnitt behandelt.

5.1 Grundstrukturen mechanischen Lernens

Mechanisches Lernen (auch stereotypes Lernen) ist die einfachste Lernsituation, in der die Wissensakquisition direkt und ohne Transformation erfolgt. Diese Akquisition als elementarer Lernprozess gesehen, der allerdings nicht mit höheren Formen des Lernens wie Lernen aus Beispielen oder Lernen aus Analogien verglichen werden kann. Bei den höheren Lernformen muß das Wissen erst aus der Eingabeinformation extrahiert und anschließend abgespeichert werden. Grundsätzlich können alle maschinell lernenden Systeme auf einen mechanischen Lernprozess zurückgeführt werden, der Wissen abspeichert, verwaltet und verfügbar macht.
Mechanische Lernsituationen sind dadurch gekennzeichnet, daß Probleme oder Aufgaben, die das Ausführungselement einmal gelöst hat, mitsamt ihren Lösungen abgespeichert werden. Die Aufgabe des Ausführungselements kann dabei als eine Funktion, ein Transitionsoperator oder ein Algorithmus definiert sein, die

einen Eingabevektor $(x_1,...,x_n)$ auf einen Ausgabevektor $(y_1,...,y_p)$ abbildet. Durch Abspeichern des assoziierten Vektorpaares [x,y] kann bei späterem Bedarf die Zuordnung von x zu y direkt aus dem Speicher abgelesen werden, ohne die ursprüngliche Funktion durchrechnen zu müssen. Beispiele hierzu sind tabellarisch abgespeicherte Funktionen (table look up), die nach einmaliger Berechnung abgespeichert werden und danach jederzeit schnell verfügbar sind (Bild 5.1). Wichtig beim Lernen durch Abspeichern ist, daß die Suche nach

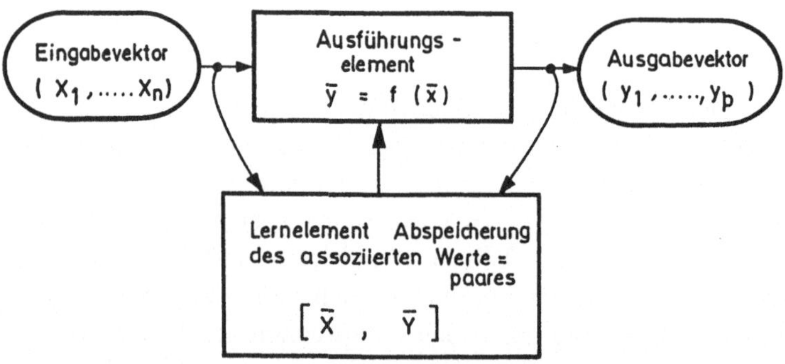

Bild 5.1: Einfaches Beispiel mechanischen Lernens

den assoziierten Wertepaaren schneller erfolgen kann als die Berechnung der Abbildung selbst. Durch geeignete Speicherorganisation kann die Suche nach den Ausgabevektoren wesentlich beschleunigt werden. Komplizierte trigonometrische Ausdrücke z.B. lassen sich damit einfach "lernen", indem ihre Argumente zur Adressierung der abgespeicherten Ergebnisse benutzt werden. Konsequentes Indizieren, Sortieren sowie "Hashing"-Methoden unterstützen die Auffindung der gesuchten Werte.

Komplexere assoziierte Vektorpaare treten bei höherdimensionalen Eingabevektoren auf. Bei der Sensorverarbeitung liegt häufig ein Vektor $S = (s_1,...,s_n)$ von Sensordaten (Muster) vor, der auf einen Merkmalsvektor (Namen) $M = (m_1,...,m_k)$ abzubilden ist. Der Merkmalsvektor kann dabei Objekte, die Zustände der Objekte oder gar Situationen beschreiben. Die Einbeziehung von Kontextinformationen, die ebenfalls als Vektor $K = (k_1,...,k_l)$ betrachtet werden kann, verbessert die Abbildung im Sinne von Eindeutigkeit nahe beieinander liegender Vektoren S_1 und S_2. Assozierte Vektorpaare haben dann die Form [D,M] mit $D = S + K$. Die Abbildung $M = Q(D)$ kann dabei durch Abspeichern der Vektorpaare gelernt werden, wobei Restriktionen lediglich durch die Größe des vorhandenen Speichers und der Adressierung der assoziierten Vektorpaare besteht (Bild 5.2).

Die Erstellung und Lösung der Bewegungsgleichung kinematischer Ketten (Roboter mit höherer Gelenk- und Armelementzahl) ist ein hochgradiges nicht-

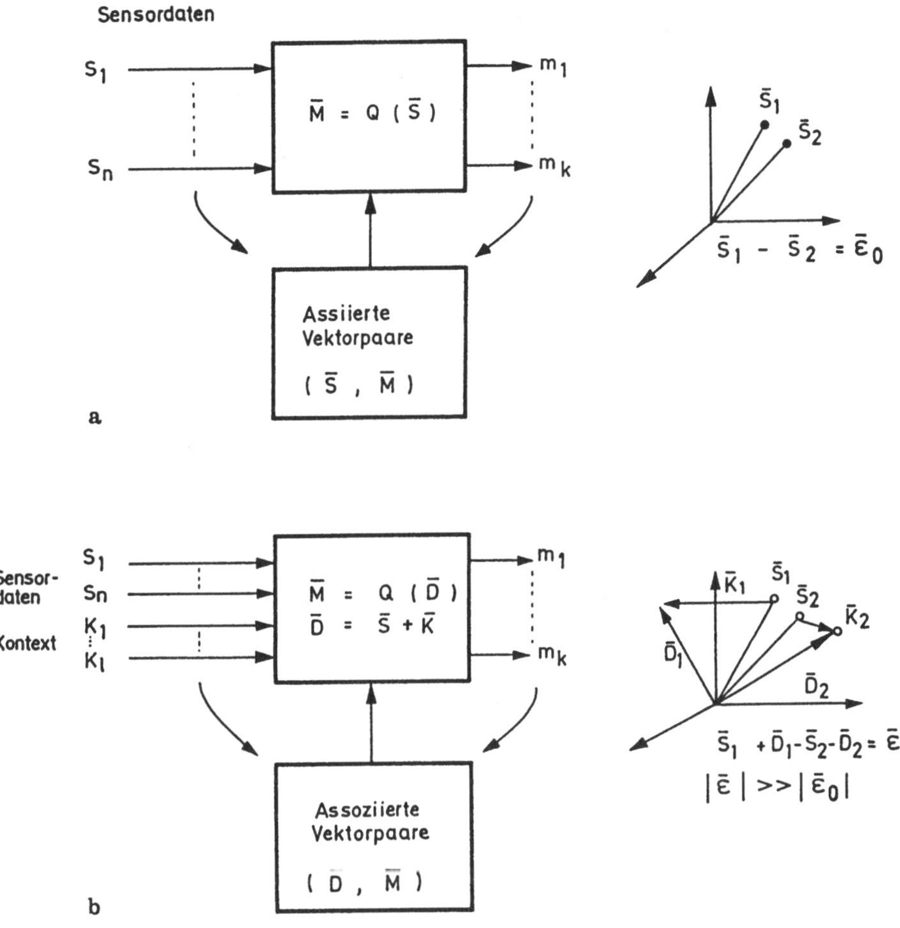

Bild 5.2 : Generierung von assoziierten Vektorpaaren
a. Sensordaten- Merkmalszuordnung
b. Erweiterung des Eingabevektors mit Kontextinformation

lineares Problem. Seine Lösung ist die Voraussetzung für eine präzise Regelung von Roboterarmen. Durch Linearisierung der Bewegungsgleichung eines Roboters um ausgesuchte Arbeitspunkte, wird ihre Struktur erheblich vereinfacht. Da ein Roboter nicht um einen Arbeitspunkt sondern in seinem gesamten Arbeitsbereich verfährt, muß der gesamte Zustandsraum des Roboters in linearisierbare Arbeitsbereiche unterteilt werden. Für jeden Arbeitsbereich nimmt die Bewegungsgleichung eine durch Parameter und Struktur charakterisierte Form an. Die assoziierten Vektorpaare zur Abspeicherung der linearisierten Bewegungspaare haben die Form (θ,α), wobei die θ_i die Gelenkwinkel und die α die Parameter der dazugehörigen linearisierten Gleichung darstellen (siehe auch Raibert,1977).

Eine wesentliche Annahme bei der Verwendung von gelernten assoziierten Vektortafeln (auch Zustandstafeln - state space representation) ist die Stabilität d.h. die Gültigkeit, der in der Vergangenheit abgespeicherten Zuordnungen. Ist die Umgebung zeitvarianten Änderungen unterworfen, sind die ungültigen Vektorpaare durch aktuelle Vektorpaare auszutauschen. Das Lernen durch Abspeichern wird in diesem Falle sehr schwerfällig durch die Notwendigkeit der kontinuierlichen Überwachung der Gültigkeit des abgespeicherten Wissens.
Effizienz des Lernens durch Abspeichern kann dadurch erreicht werden, daß zuvor der Aufwand zur Abspeicherung, Verwaltung und Zugriff auf das Wissen gegenüber der Berechnung der Vektorabbildung durch den Abbildungsalgorithmus abgeschätzt wird. Aufgrund dieser Kosten-Nutzen Betrachtung kann dann entschieden werden, ob die Information bei ihrem ersten Auftreten zur späteren Benutzung abgespeichert wird oder nicht. Eine zweite Methode besteht darin, die Anzahl der Zugriffe auf die einzelnen Informationen zu erfassen und danach zu entscheiden, welche Informationen vergessen werden können (Informationen mit der geringsten Zugriffsrate - selektives Vergessen).
Die Leistungsfähigkeit des Lernens durch Abspeichern wurde durch Samuel's(1959) lernendes Dame Spielprogramm schon früh untersucht. Das Programm wählt seine Spielzüge aus, indem es einen Damespiel-Suchbaum durchläuft. Würde man jeden möglichen Zug sowie jeden möglichen Gegenzug, d.h. alle Kombinationen eines Damespiels durchlaufen, würde der Suchbaum zu groß werden. Anstelle des gesamten Baumes werden jedoch nur partielle Suchbäume (3 Züge) durchlaufen und statistisch evaluiert, d.h. ein Wertepaar (Position,Bewertung) kann abgespeichert werden. Ist in einem späteren Spiel die gleiche Ausgangsposition vorhanden, wird auf das abgespeicherte Wertepaar zurückgegriffen. Der neue partielle Suchbaum enthält die Bewertung der bereits berechneten 3 Züge und kann dafür schon die nächsten 3 Züge bewerten, so daß bei gleichem Aufwand eine Suchtiefe von 6 Zügen (im nächsten Spiel 9 u.s.w.) resultiert. Es werden also die Resultate vorgehender partieller Suchoperationen abgespeichert und in späteren Spielen erweitert und vertieft.
Ein Schritt zur konkreten Anwendung von lernfähigen assoziativen Speichersystemen in der Robotik wurde von Albus, 1975, mit der Entwicklung des CMACs (cerebellar model articulation controller) vollführt. CMAC ist keine reine 1:1 Vektorpaar Zuordnung sondern ein assoziatives Speichersystem, das den Speicherraum durch lokal verallgemeinernde Adressierung der quantitativen Ein- Ausgangszusammenhänge reduziert. Die Grundstruktur von CMACs werden in Albus, 1972, 1982, aus neurophysiologischen Strukturen, speziell des Kleinhirns (cerebellum) abgeleitet. CMAC ist eine modifizierte Version des Perzeptrons, einem trainierbaren Musterklassifikationssystem, das Rosenblatt (1962) als einfachstes Modell des menschlichen visuellen Systems vorgestellt hat. Wegen seiner Eignung für Echtzeitanwendungen (siehe auch Park,1984, Ersü und Tolle,1984) wird die Theorie der CMACs im folgenden Abschnitt kurz erläutert und diskutiert.

5.2 Lernfähige lokal verallgemeinernde assoziative Speichersysteme

5.2.1 Informationsspeicherung in neuronalen Netzwerken: Assoziative Stimulus-Response Abbildung als allgemeines Systemmodell

Die Grundstruktur des Lernens motorischer Aktionen, d.h. Willkürbewegungen der Extremitäten des Menschen wird auf neuronale Netzwerke innerhalb des Motorcortex (vgl. Kap.2) zurückgeführt. Die Synchronisierung der Bewegungen wird dabei im Kleinhirn (Cerebellum) lokalisiert.

Bild 5.3 zeigt den schematischen Informationsfluß von den Rezeptoren (Sensoren) an den Muskelfasern über Nervenfasern zum Kleinhirn hin, und zurück über die motorischen Zentren zu den Muskelfasern. Das Kleinhirn empfängt neben Informationen über Gelenkstellungen und Kräfte in den Muskelfasern noch Informationen aus den Bogengängen im Ohr, den Schweresinnesorganen und den Augen. Weiterhin steht es in Verbindung mit den motorischen Zentren in der Großhirnrinde. Es ist also über die Stellung des Körpers im Raum, die Lage der einzelnen Gliedmaßen zueinander, sowie über gerade ablaufende Bewegungsreaktionen informiert. Das Kleinhirn sendet dabei Befehle zu den motorischen Zentren der Großhirnrinde oder an das extrapyramidale System (Verbindung zwischen Großhirnrinde und Rückenmark). Die Verarbeitung der Information im Kleinhirn wird dabei modellhaft als Abbildung der ankommenden Informationsmuster durch ein neuronales Netzwerk auf ein Ausgabemuster interpretiert (Kohonen,1977; Palm,1982).

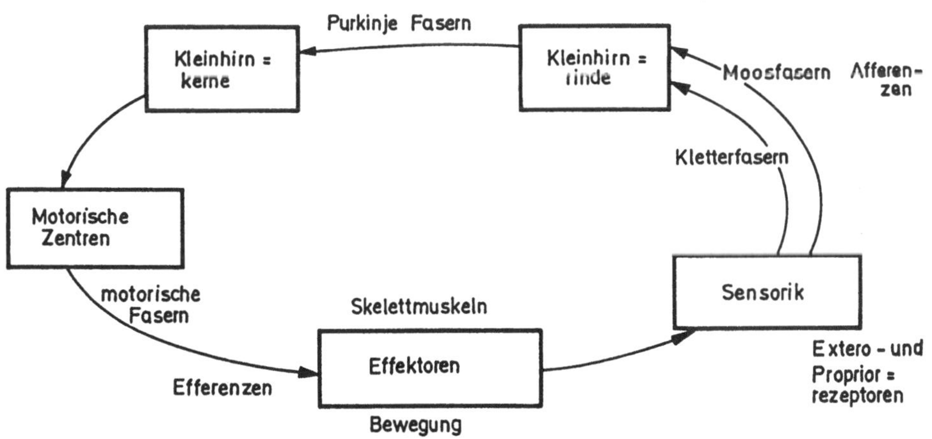

Bild 5.3: Flußdiagramm der Kleinhirneingänge und Ausgänge (Schmidt,1972)

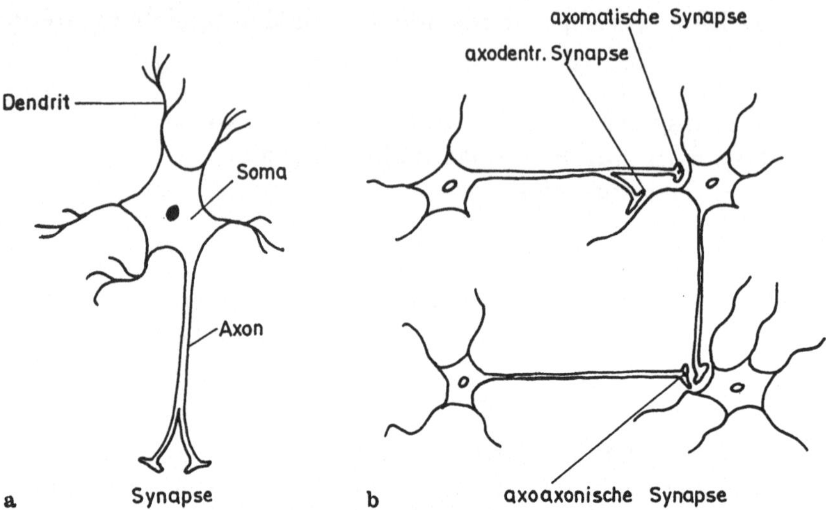

Bild 5.4: a. Schema eines Neurons
b. Schema von Neuronenverschaltungen

Die Bausteine des Netzes sind sogenannte Neurone (Bild 5.4), die über gewichtete synaptische Übergänge die Information codieren. Synapsen sind Übergänge zwischen Neuronen, wo Informationen durch Transmitterstoffe (Acetylcholin) übertragen werden.

Diese Abbildung von sogenannten afferenten Informationen (Stimuli) auf eine efferente Information (Antwort) kann als ein assoziatives Speicherungssystem modelliert werden, wobei der Ort der gespeicherten Antwortinformation durch den Inhalt der Eingangsinformation adressiert wird (Kohonen,1977).

Albus Modell des assoziativen Speicherungsystems (Albus,1972,1975) sieht nun wie folgt aus:
Die Eingänge des Systems stellen die sogenannten Moos-Fasern dar, die von zwei Regionen kommen können (siehe Bild 5.5a):

- von höheren Ebenen des motorischen Systems oder
- von den "Gelenksensoren"

Jede Moos-Faser verzweigt sich und stellt Kontakt zu den Granular-Zellen her, die positiv angeregt werden. Jede Granular-Zelle hat ein Ausgangs-Axon, das an die Oberfläche des Kleinhirns führt, dort spaltet sich das Axon und bildet zwei Parallel-Fasern, die Kontakt zu zwei verschiedenen Zelltypen herstellen, den Golgi-Zellen und den Punkinje-Fasern.
Die Golgi-Zellen sind stark verzweigt und üben einen dämpfenden Einfluß auf die Granular-Zellen aus. Sie wirken als Schwellwertfilter für die Ausgabe der Granular-Zellen, so daß nur ein kleiner und kontrollierter Prozentsatz der Signale weitergeleitet wird.

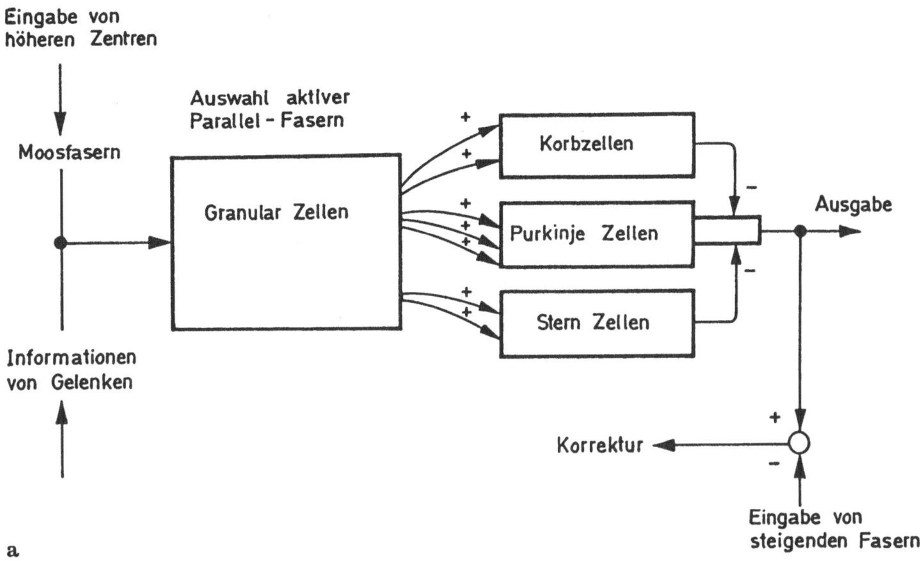

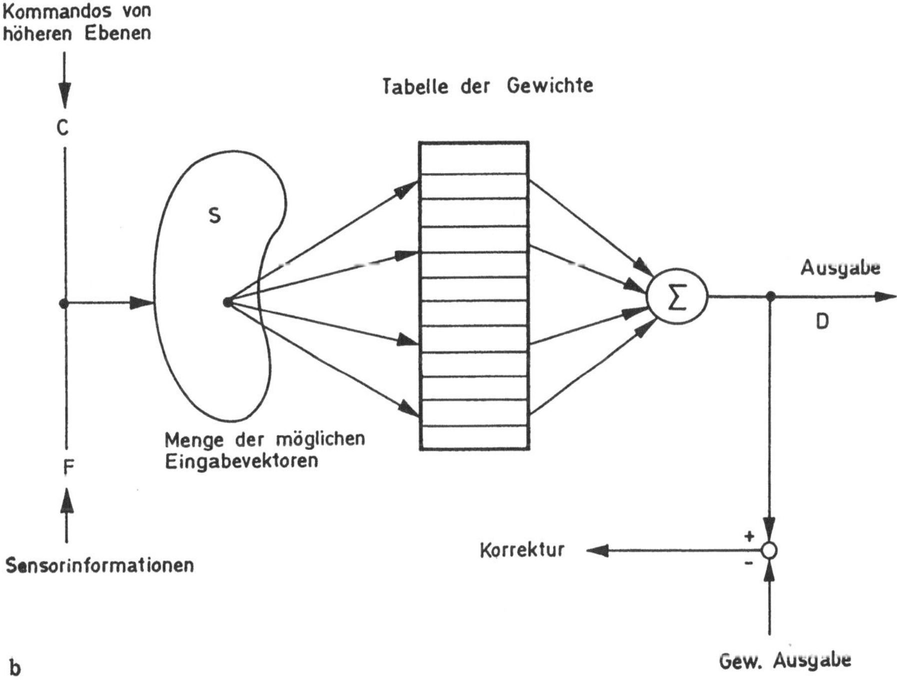

Bild 5.5: a. Reduziertes Modell des Cerebellums
b. Modell des CMAC

Die zweite Gruppe von Zellen, die von den Parallel-Fasern kontaktiert werden, sind die Purkinje-, Korb- und Sternzellen. Die Purkinje-Zellen bilden die Summation der Signale über ihren Eingängen. Zusammen mit den negativ gewichteten Korb- und Sternzellen entsteht schließlich das Ausgabesignal. Die Purkinje-Zellen werden darüber hinaus noch durch die kletternden Fasern beeinflußt. Man vermutet, daß diese Fasern die für motorische Lernvorgänge notwendigen Informationen liefern. Ein CMAC als Modell dieser Informationsverarbeitung ist durch eine Reihe von Abbildungen definiert:

$$S \Rightarrow M \Rightarrow A \Rightarrow P$$

- $S = (s_1,...,s_n)$ ist der Eingabevektor
- M sind die Moos-Fasern, die S codieren
- A sind die Granular-Zellen, die durch M berührt werden
- $P = (p_1,...,p_m)$ ist der Ausgabevektor

Die Gesamtabbildung $S \Rightarrow P$ entspricht also einer Funktion $P = H(S)$. Die Eingangsinformation, die von den Moos-Fasern decodiert wird setzt sich aus $S = C + F$ zusammen.
"+" sei ein Operator, der die Kombinationen zweier Vektoren, die jeweils durch eine Liste von Variablen definiert sind, in einen Vektor überführt. $C = (s_1,...,s_i)$ ist der Vektor einer Steuerungsvariablen (Steueranweisung) von höheren Zentren und $F = (s_{i+1},...,s_n)$ ist der Vektor der rückgeführten Sensorvariablen (Feedback).

Beispiel für S zur Ansteuerung eines Roboter CMAC:

$$S = (s_1,...,s_i,s_{i+1},...,s_n)$$

mit	$C := (s_1,...,s_i)$			$F := (s_{i+1},...,s_n)$	
	C: Greife	Argumentliste	F:	Gelenkvariable	Meßwertliste
	Bewege,	"		Wirkkräfte,	"
	Suche,	"		Lage,	"
	Stecke,	"		Orientierung,	"
	Drehe,	"		Druck,	"
	Schiebe,	"		Berührung,	"
	Schraube,	"		Wärme,	"
	.			.	
	.			.	
	.			.	
	u.s.w.			u.s.w.	

Jede der s_i Variablen des Eingabevektors soll einen endlichen Wertevorrat von R_i Werten aufweisen. Theoretisch könnten durch den Vektor S also $\prod_{i=1}^{n} R_i$ Speicherzellen in dem assoziierten Speichersystem angesprochen werden. CMAC erlaubt eine Reduzierung des Speicherraumes durch das sogenannte Verallgemeinerungsprinzip. Es basiert auf der Unterteilung der $S \Rightarrow P$ Abbildung in 3 Schritte.

1. Die $S \Rightarrow M$ Abbildung

Die Abbildung von S auf M dient der Codierung von S. S ist ein Vektor von Sensor- sowie Steuerungsvariablen (command variable).
Die exakte Information bezüglich der Sensor- und Steuerungsvariablen sind über mehrere Kanäle (vgl. Moos-Fasern) verteilt. Jeder Kanal enthält lediglich eine Vektorkomponente s_i.
Die Codierung entsprechend des CMAC Modells sieht wie folgt aus:
Gegeben sei ein Satz von Übertragungskanälen m_i (Moos-Fasern), der jeweils den Wert einer Variablen s_i überträgt. m_i^* sei derjenige Teilsatz von Kanälen der durch s_i am meisten stimuliert ist. Wenn für jeden Wert von s_i und seiner unmittelbaren Umgebung ein bestimmter Satz von m_i^* existiert, dann kann hieraus auch die Abbildung $s_i \Rightarrow m_i^*$ und von m_i^* auf s_i geschlossen werden.
Zwei Schritte sind also zu vollführen:

a. Die Erfassung und Übertragung reduzierter Information über mehrere Kanäle
b. Die Kombination der Kanäle zur Rückgewinnung der exakten Information

$$S => M \quad = \quad \begin{cases} s_1 \rightarrow m_1^* \\ s_2 \rightarrow m_2^* \\ \quad \vdots \quad \vdots \\ s_n \rightarrow m_n^* \end{cases}$$

In CMAC kann jede der $s_i \Rightarrow m_i^*$ Abbildungen durch einen Satz von k Quantisierungsfunktionen $c_{i1},\ldots,c_{ik}$ definiert werden, wobei jede Funktion um den Faktor $1/k$ verschoben ist (Bild 5.6).

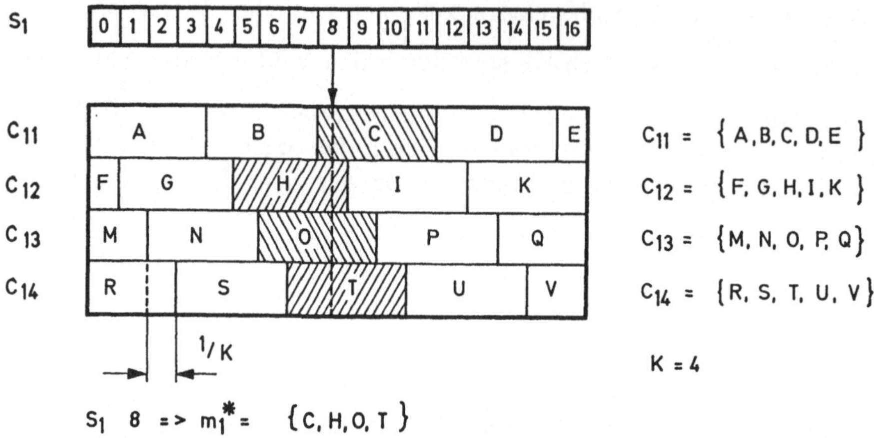

Bild 5.6: Quantisierung von s_i über die Quantisierungsfunktionen c_{ik}

Die beiden wichtigsten Vorteile dieses Codierschemata sind:

- Eine genaue Variable kann über mehrere ungenaue Kanäle präzise übertragen werden. Die Auflösung oder der Informationsinhalt der übertragenen Variablen hängt von der Anzahl m_i^* der Kanäle ab. Je mehr Kanäle einer Variablen zugeordnet werden, um so genauer kann sie aufgelöst werden.
- Ein zweiter wichtiger Punkt besteht darin, daß kleine Änderungen in dem Wert der Eingabevariablen s_i keine Wirkung auf die meisten Elemente in m_i^* hat. Diese Eigenschaft ist zur Beschreibung von Nachbarschaftsbeziehungen von Eingangsvariablen und deren Verallgemeinerung von Bedeutung.

2. Die M ⇒ A Abbildung

Ausgehend von dem Neuronennetzwerk im Cerebellum ergeben sich folgende Ansätze:

Jede Granular-Zelle erhält Signale von verschiedenen Moos-Fasern, wobei keine Zelle von der gleichen Kombination Moos-Fasern versorgt wird. D.h. jede Granular-Zelle wird durch eine eindeutige "Adresse", bestehend aus Moos-Fasern m_i^* angesprochen. Die Adresse jeder Granular-Zelle besteht daher aus der Liste der sie berührenden m_i^* Moosfasern. Wie oben geschildert, sind also nur diejenigen Granular-Zellen aktiv, deren adressierende Moos-Fasern mit maximaler Intensität arbeiten. Für diese Schwellenfunktion sorgen die Golgi-Zellen. Es sei A^* die Menge der aktiven Granular-Zellen. Diese Menge läßt sich aus der Kenntnis der Menge m_i^* berechnen. Im CMAC Modell sieht dieser Sachverhalt wie folgt aus:

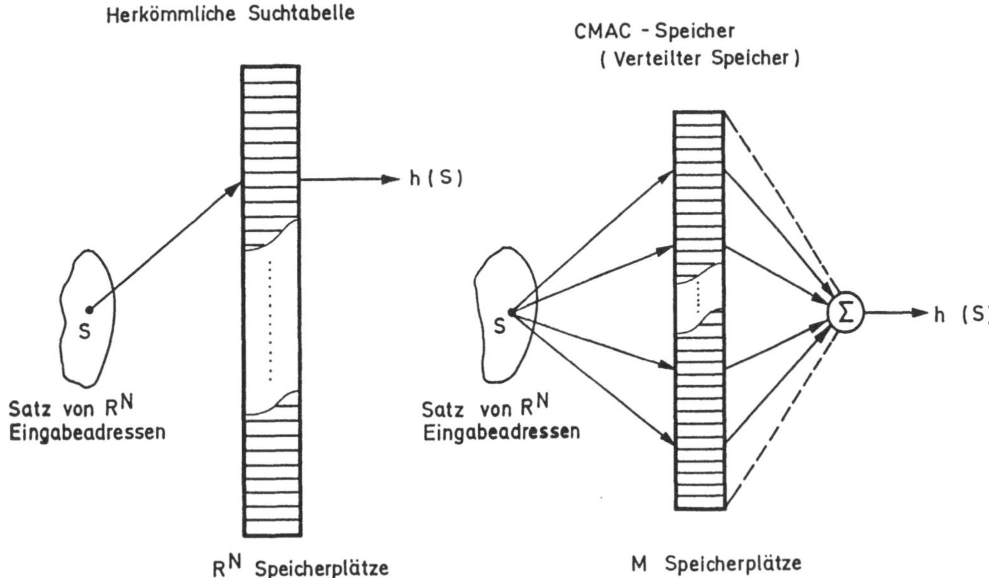

Bild 5.7: Adressierung von a. gewöhnlichen Speichertabellen
b. CMAC Speichern

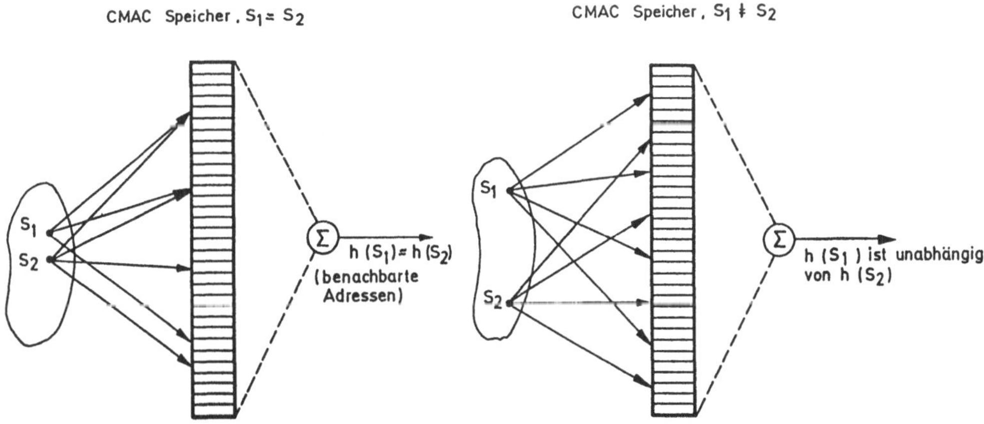

Bild 5.8: Adressierung von einem CMAC-Speicher durch
a. nahe beieinander liegende Eingabevektoren s_1, s_2
b. weit auseinander liegende Eingabevektoren s_1, s_2

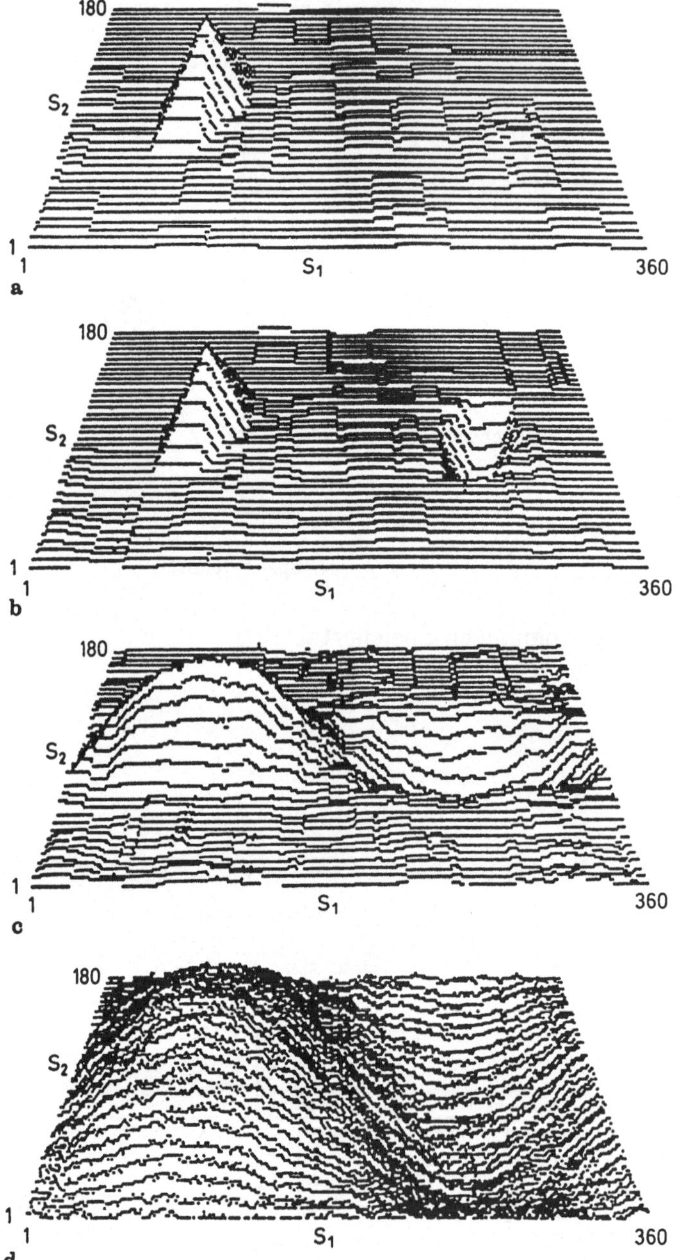

Bild 5.9: Illustration des Trainings einer Funktion p in einen CMAC ($p=\sin(2\pi\, s_1/360) \cdot \sin(2\pi\, s_2/360)$ nach Albus,1982)

a. Erster Trainingsvorgang bei $(s_1,s_2)=(90,90)$

b. Zweiter Trainingszyklus bei $(s_1,s_2)=(270,90)$

c. Training von 16 Punkten entl. einer Trajek. mit $s_2=90=\text{const.}$

d. Training von 175 gewählten Punkten, die über Eingaberaum verteilt sind

Speicheranforderungen im CMAC:
Die Abbildung $S \Rightarrow A^*$ kann als Adressdecodierung betrachtet werden, wobei S die Adresse ist und die aktiven Granular-Zellen oder selektierten Gewichte in A^* die adressierten Zeilen. Die Summe der Inhalte kann als der Inhalt der Adresse S interpretiert werden.

In einem normalen Speicher adressiert jede Adresse S genau eine Speicherzelle. In CMAC dagegen adressiert jeder Eingabevektor S einen Satz von Speicherzellen, wobei die Summe deren Speicherinhalte dem Eingabevektor S zugeordnet wird. Daraus folgt, daß CMAC wesentlich weniger Speicherplatz benötigt, als gewöhnliche Speicher.
Für eine Funktion mit N Variablen mit einer Auflösung von R benötigt ein normaler Speicher R^N Speicherplätze, CMAC jedoch nur KQ^N, wobei K die Anzahl der Quantisierungsfunktionen und Q deren Auflösung ist.

Beispiel: N=2, R=17, Q=5, K=4 → R^N=289 , KQ^N=100

Weiterer Speicherplatz kann durch Hashing-Methoden gespart werden. Gewöhnlich ist der Adressraum nicht vollständig belegt, da z.B. die Eingangsvariablen unterschiedliche Wertebereiche aufweisen können.

3. Generalisierung in CMAC

Die Generalisierung drückt sich in der Tatsache aus, daß $S \Rightarrow A^*$ eine Menge von Granular-Zellen adressiert. Bei ähnlichen Eingangsvektoren s_i, s_j werden auch eine Reihe gleicher Zellen aktiviert.
Je stärker die Eingabevektoren differieren, umso weniger gleiche Zellen werden aktiviert, bis zu dem Punkt, an dem keine gleichen Zellen angesprochen werden.
Benachbarte CMAC-Speicherzellen sind also nicht unabhängig voneinander. Daraus resultiert der große Vorteil, daß beim Lernvorgang nicht jeder Punkt des Eingaberaums behandelt werden muß. Es genügt bereits, die Antworten auf eine repräsentative Anzahl von Punkten im Eingaberaum zu lernen.
Bild 5.9 zeigt die Abspeicherung einer komplexen trigonomischen Funktion p, bei der die Argumente $0 \leq s_1 \leq 360$ und $0 \leq s_2 \leq 180$ den Eingaberaum aufspannen. Bereits nach wenigen Trainingsschritten gibt p in guter Näherung den Verlauf der Funktion wieder.

5.2.2 Anwendungen von CMAC in der Robotik

Das Prinzip der Verallgemeinerung bei assoziativen Speicherpaaren für langsam variierende Ein- Ausgabe Funktionale, das die Abbildung eines sehr großen Satzes von Eingangsvariablen (Eingaberaum) in einen wesentlich kleineren Speicher ermöglicht, wurde bereits an einigen Roboteranwendungen erprobt

(Albus,1975; Park,1984 und Simons et.al.1982). Einfache Greifoperationen, Fügevorgänge sowie Kollisionsvermeidungsverfahren wurden hierbei untersucht. Die Anwendung von CMAC sei anhand eines Mehrarm-Koordinationproblems illustriert. Park,1984 generiert zur Lösung des Problems zunächst eine Kolli-

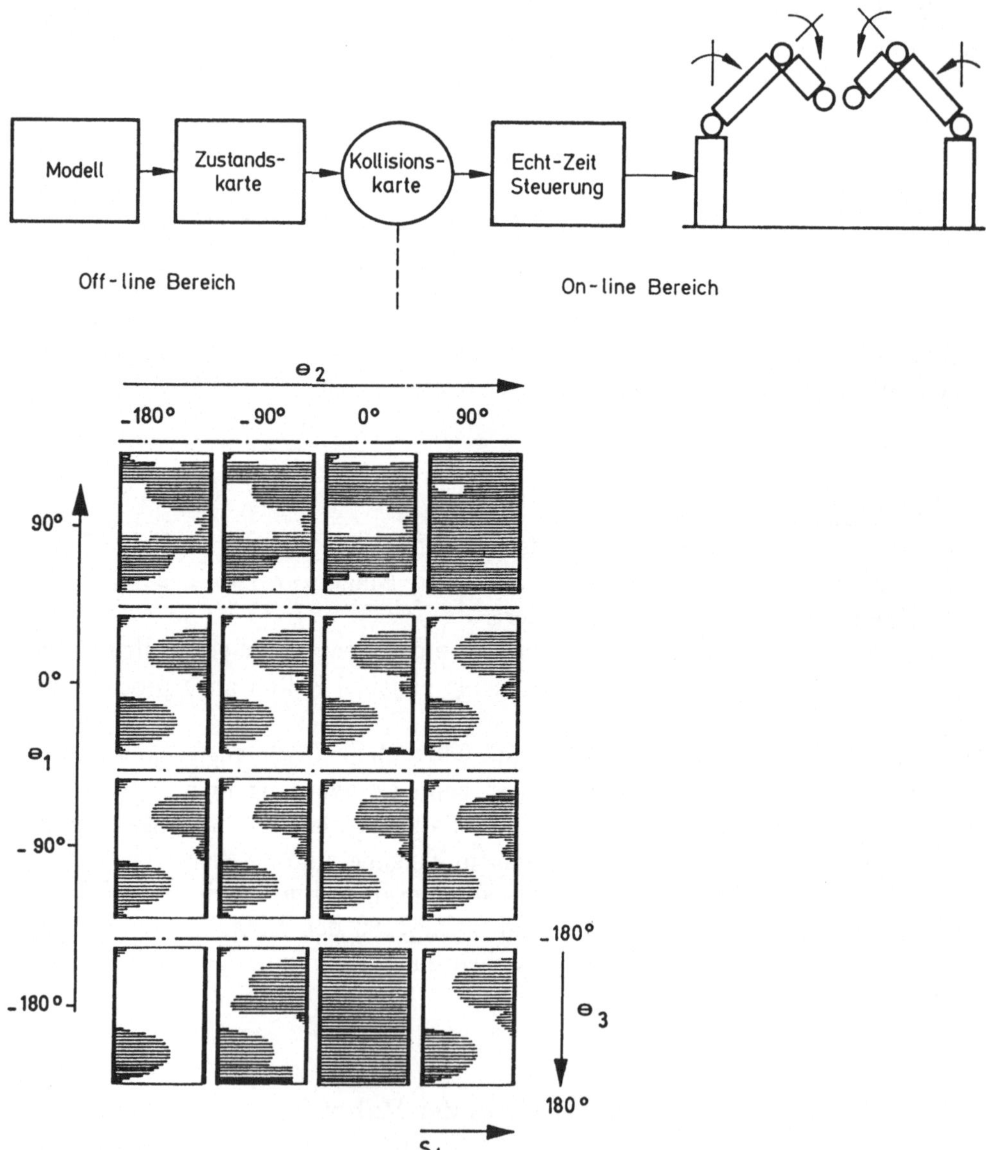

Bild 5.10: Konfiguration zweier Roboterarme unter Verwendung ihrer Kollisionstafel und ihre Verarbeitung in der Steuerung zur Vermeidung von Kollisionen, nach Park,1984

sionstafel, die von der Eingabeseite von Vektoren adressiert werden, die dem Eingaberaum entnommen sind. Der Eingaberaum wird durch die Gelenkvariable, die die Manipulatorarmpositionen beschreiben, aufgespannt.
Der Eingaberaum in Bild 5.10 ist 4-dimensional, d.h. ein einzelner Punkt wird durch den Vektor $s = (\Theta_1,\Theta_2,\Theta_3,s_4)$beschrieben. s beschreibt also die jeweiligen Armpositionen. Armbewegungen werden dann durch s-Trajektorien dargestellt. Besitzt eine Roboterkonfiguration m Arme mit n Gelenken, $m \leq n$, dann ist der Zustandsraum n-dimensional. Die Kollisionstafel präsentiert dabei im einfachsten Fall eine zweiwertige Skalarfunktion K(s) über dem Eingaberaum.

K(s) nimmt nur die Werte 0 und 1 an, gemäß:

$$K(S) = 1 \text{ falls Kollision in s}$$
$$K(S) = 0 \text{ falls keine Kollision in s}$$

Weiterhin zeigt Bild 5.10 verschiedene Bereiche der Kollisionskarte für quantisierte Werte von Θ_1 und Θ_2 und variablen Θ_3 und s_4. Die Skalarfunktion K(s) kann auch für einen größeren Wertebereich ausgelegt werden, d.h. die Abstände kollisionsfähiger Armelemente zueinander oder zu Objekten werden zusätzlich mitberechnet (Dillmann,1986).
Das Bahnplanungsproblem zur Koordination mehrerer Arme wird gelöst, indem Suchheuristiken angewandt werden, die nach Bereichen außerhalb der Kollisionsregionen und un ihrer Umgebung nach freien Bewegungsräumen suchen. Je nach Vorgabe der Bewegung werden Kollisionsbereiche umfahren oder der behindernde Arm aus der Kollisionszone heraus gezogen. Lokale Kollisionsvermeidungsalgorithmen operieren in kleinen Regionen innerhalb einer Kollisionskarte (Segment), während globale Kollisionsvermeidungsalgorithmen sichere Trajektorien durch die Mitte aller kollisionsfreien Regionen generieren.

In dem in Bild 5.10 gezeigten Beispiel wurden für jede Achse 32 Proben entnommen, d.h. die Kollisionskarte berücksichtigt 1Mio Armkonfigurationen (Produktionszeit: 8 Stunden auf VAX 750). Die dazu gehörige Kollisionskarte umfaßt 131 Kbyte und hat die Form einer Bit-Karte. Bei der Verwendung der CMAC Methode muß allerdings berücksichtigt werden, daß unstetige Übergänge zwischen kollisionsfreien Zonen und Kollisionsbereichen geglättet werden und damit zu Fehlern führen. Dieser Nachteil kann durch zusätzliche Trainingsläufe mit verfeinerten lokalen Quantoren aufgefangen werden.

Durch die Reduktion des Zustandsraums auf kleine für die Roboter-Anwendung relevante Bereiche, d.h. alle theoretisch möglichen Gelenkkonfigurationen müssen nicht durchgerechnet werden, ergibt sich eine erhebliche Reduktion des benötigten Speicherbereichs. Die Modellierung von 6-Achs oder größeren Gelenkkonfigurationen treten damit in den Bereich des Möglichen. In stark zeitvarianter Umgebung kann CMAC nicht mehr sinnvoll angewandt werden, da in diesem Falle durch die große Anzahl von unstetigen Übergängen keine Verallgemeinerung mehr möglich ist oder die Anzahl der notwendigen Trainingsschritte rapide ansteigt. Für Anwendungen mit quasi konstanter Umgebung aber lokalen Abweichungen ist CMAC gut geeignet und als Methode zum Erlernen von spezifischen Fähigkeiten (skill) einzuordnen.

6 Lernen aus Beispielen (induktives Lernen)

Induktives Lernen ist Lernen durch logische Schlußfolgerung. Aus gegebenen Zusicherungen und Fakten (Beispiele) sind für zukünftige Ereignisse Thesen bzw. Hypothesen abzuleiten und in ihrer Anwendbarkeit und Gültigkeit zu beweisen bzw. zu begründen. Diese Fähigkeit beruht auf komplizierten Implementierungen von Beispiel- und Regelräumen,kann aber in manchen Fällen erhebliche Mächtigkeit erlangen. Für lernende Systeme oder Expertensysteme ist induktives Lernen unerläßlich.

Induktives Lernen erfordert als Ausgangspunkt eine gewisse Menge von Grundlagen und Kernsätzen. Das erforderliche Hintergrundwissen ist Problem- bzw. Anwendungs-orientiert. Bei zu niedrigem Hintergrundwissen sinkt die Lernkonvergenz erheblich, da das System sich das benötigte Wissen aus den Eingaben (Beispiele) herleiten muß. Ein zu umfangreiches Wissen über spezialisiertes Grundwissen schränkt jedoch die Universalität des Systems ein, da für ähliche Probleme weniger Platz zur Verfügung steht (Verallgemeinerungsproblem). Induktives Lernen besteht nicht nur aus logischen Ableitungen, sondern auch aus mathematischen Beweisen. Hierzu werden sogenannte Generalisierungs- Spezialisierungs- und allgemeine Ableitungsregeln benötigt. Die Technik der Vorgabe von Beispielen ist besonders für Roboteranwendungen plausibel, da sich beispielsweise aus einem vorgegebenen Greif- oder Montagemuster Verallgemeinerungen für eine Gruppe von Greif- oder Montageoperationen ableiten lassen.

6.1 Grundstruktur der unterlagerten Lernstrategie

Eine häufig angewandte Methode in maschinellen Lernsystemen benutzt zum Lehren von Problemen und ihren Lösungen Beispiele (positive oder negative), aus denen hervorgeht, wie sich das System zur Durchführung seiner Aufgabe zur Lösung des vorliegenden Problems oder zum Erreichen des vorgegebenen Ziels zu verhalten hat. Eine weitere Möglichkeit besteht darin, daß der Lernapperat selbstständig die Lösungs- oder Zielumgebung zum systematischen "Experimentieren" benutzt, bis er nach fortwährendem Überprüfen sicher stellen kann, daß das gefundene Lösungswissen für das Ausführungselement ausreicht.

Dabei wird angenommen, daß die Erfahrungen aus den Beispielen oder den Experimenten wesentliche Informationsquellen für den Lernprozeß sind. Positive Beispiele werden als verstärkend bezüglich der Hypothesenbildung im Lernprozeß angenommen, während negative Beispiele also Fehler ebenfalls genutzt werden können, um die Grenzen des Lösungsraums einzuschränken. Der wesentliche Schritt in dem Lernvorgang besteht in der Verallgemeinerung der Beispiele oder Experimente, um übergeordnete Regeln zu finden, die angewandt werden können, um das Ausführungselement zur Lösung seiner vorgegebenen Aufgaben oder Probleme zu unterstützen. Das Lernelement erhält als Beispiel eine spezifische Situation sowie das entsprechende Verhalten des Ausführungselements in dieser Situation. Das Lernziel besteht darin, diese Information zu verallgemeinern und allgemeine Verhaltensregeln für vergleichbare Situationen zu finden. Beispielsweise geben Dufay und Latombe, 1983, am Handhabungsobjekt ausgeführte sensorgestützte Beispieltrajektorien eines Roboters vor. Sie repräsentieren spezielle Lösungen aus dem Lösungsraum für eine Problemgruppe. Aus diesen Beispielen werden dann über einen Satz von Produktionsregeln die Zuordnungen von Sensor- und Situationsbedingungen zu dem Aktionsplan der Problemgruppe ermittelt. Das Lernziel besteht in der Verallgemeinerung der Produktionsregeln auf alle möglichen Sensor- und Situationsbedingungen der Problemgruppe, sodaß bei zukünftigen Zielvorgaben möglichst einfache ausführbare Prozeßablaufprogramme für das Ausführungselement (Roboter) entwickelt. In Sussmans (1975) Lernsystem HACKER werden für einen virtuellen Roboter, der gestapelte Spielzeugbausteine manipuliert, Operationspläne entwickelt, deren Ausführung danach simuliert wird. Das System gibt sich also seine Beispiele selbst vor und analysiert deren Durchführung in der Simulation auf mögliche Fehler hin. Bei fortschreitender Variation der Beispiele lassen sich Fehlerklassen und verallgemeinerte Planungsoperationen für die Manipulation der Bausteine finden.

Ein wesentlicher Gesichtspunkt besteht darin, aus der Menge aller möglichen Beispiele einige geeignete Repräsentanten auszuwählen, um die Suche nach verallgemeinernden Regeln, Hypothesen oder Problemlösungen zu steuern und eine möglichst gute Konvergenz zu erzielen. Man spricht dabei vom Beispielraum, der durch die Menge aller Problem-relevanter, spezifischer Beispiele und ihrer Klassifikatoren aufgespannt wird, und dem Regelraum, der die Menge aller relevanten Regeln oder das zulernende Konzept enthält (Simon und Lea, 1974). Lernen durch Beispiele besteht darin, zwischen den beiden Räumen so lange Zuordnungen und Zusicherungen zwischen Beispielen und Regeln für plausible Lösungskonzepte zu suchen, bis das Lernziel, d.h. die Konvergenz zu den gewünschten Regeln oder dem Konzept erreicht ist. Der Regelraum muß dabei nicht notwendigerweise Regeln enthalten, sondern kann auch andere Formen von Information wie z.B. numerisches Wissen enthalten, das das Ausführungselement (z.B. ein adaptives Regelungssystem) benötigt.

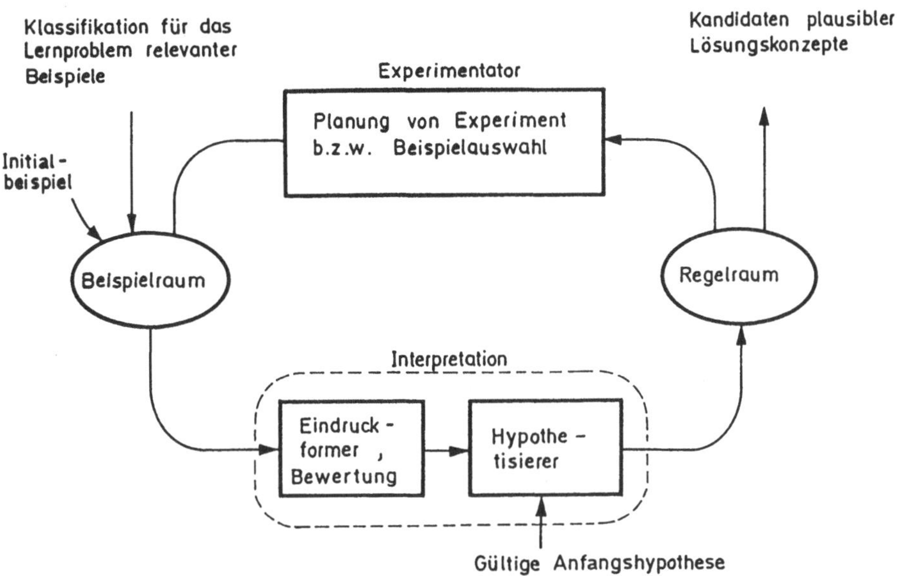

Bild 6.1: Einfaches Modell des Informationsfluß zwischen Beispielraum und Regelraum

In Bild 6.1 ist ein einfaches Modell der unterlagerten Lernstrategie bei induktivem Lernen dargestellt. Zwischen dem Beispielraum und dem Regelraum sind Prozesse zur Interpretation und zur Auswahl der Beispiele an dem Lernvorgang aktiv. Gewöhnlich sind in Lernsituationen die Trainingsbeispiele in einer spezifischen Repräsentationsform vorgegeben, die sich von der Repräsentationsform der Regeln im Regelraum erheblich unterscheidet. Es werden daher Prozesse benötigt, die die Trainingsbeispiele interpretieren, um dann mit den Ergebnissen die Suchoperationen im Regelraum zu steuern. Umgekehrt wird, falls das Lernsystem neue oder modifizierte Beispiele benötigt, ein Planungsprozeß benötigt, der neue spezifische Beispiele aussucht oder neue "Experimente" plant. Dieser Prozeß wird bei seiner Suche im Beispielraum durch die momentan gültigen Hypothesen gesteuert. Das induktive Lernkonzept könnte dabei wie folgt aussehen. Zunächst wird von dem Lernsystem ein Trainingsbeispiel aus dem Beispielraum ausgewählt und durch Klassifikatoren sichergestellt, ob es ein Beispiel für das gesuchte Problemlösungskonzept darstellt. Das Beispiel und seine Klassifikation wird durch den Interpretationsprozeß auf eine Form transformiert, die die Suche im Regelraum unterstützt. Sind einige Kandidaten plausibler Lösungskonzepte im Regelraum gefunden, entscheidet der Experimentator welches Beispiel als nächstes zu wählen ist. Arbeitet das Lernprogramm einwandfrei (Konvergenz der Regeln), dann wird der Zyklus abgebrochen. Hierbei wird stillschweigend angenommen, daß der Regelraum das gesuchte Lösungskonzept enthält. Die Annahme eines abgeschlossenen Lösungskonzeptraums er-

6.2 Der Beispielraum

Ein wichtiges Kriterium ist die Qualität bzw. Eignung des Beispielraums für eine Problemgruppe. Gute Beispiele erlauben eine effiziente Strategie bezüglich der Suche im Regelraum nach Lösungskonzepten. Schlechte Beispiele führen zu mehrdeutigen, widersprüchlichen Interpretationen und damit zu nur schwach konvergierenden Suchstrategien im Regelraum. Sind die Beispiele nicht klassifiziert, wird das lernende Programm heuristische Informationen benötigen, um die Beispiele erst einmal klassifizieren zu können, um eine neue Suchstrategie auszuwählen. In diesem Fall spricht man von einer ungeordneten Lernsituation. Ist das heuristische Wissen unvollständig, ist die Beispielklassifikation nicht eindeutig.

Ein weiterer Gesichtspunkt ist ist die gewählte Reihenfolge der Beispiele. Gute Beispielsequenzen variieren systematisch die relevanten Merkmale, um zu bestimmen welche Merkmale von Bedeutung für den Lernvorgang sind. Falls ein Programm selbst die Übungsbeispiele wählt, kann es durch geeignete Wahl der Beispielsequenz den Lernvorgang beeinflussen (aktive Beispielauswahl). Programme, die ihre aufgestellten Hypothesen als zusätzliche Lernbeispiele benutzen, um die Hypothesen zu aktualisieren oder zu modifizieren, werden als inkrementelle Lernprogramme bezeichnet. Programme, die explizit den Beispielraum absuchen werden als Programme mit aktiver Beispielauswahl bezeichnet.

Viele Methoden zur Auswahl des besten Beispiels sind auf einen Satz H von Hypothesen bezogen, die als plausibel gefunden wurden. Nach Möglichkeit sollte diese Zahl der alternativen Hypothesen weitgehends reduziert werden. Durch die geeignete Wahl eines Beispiels kann H durch Ausschluß halbiert werden. Eine andere Methode besteht darin, die mit der höchsten Wahrscheinlichkeit richtige Hypothese durch weitere extreme Beispiele zu bestätigen. Durch die Strategie der Bestätigung durch Beispiele kann der Geltungsbereich von Hypothesen untersucht werden. Eine weitere Möglichkeit besteht darin, Trainingsbeispiele auszuwählen, die den Hypothesen in H widersprechen (expectation-based filtering, Lenat, Hayes-Roth und Klar, 1979). Die Hypothesen in H werden dabei benutzt, um diese Beispiele, die als richtig gelten, auszufiltern. Richtige Beispiele sind mit H konsistent. Die anderen Beispiele stellen die gültigen Hypothesen in Frage.

6.3 Der Interpretationsprozeß

Sind die Trainingsbeispiele ausgewählt, müssen sie auf geeignete Weise transformiert werden, damit sie die Suche im Regelraum unterstützen. Dieser Transformationsprozeß wird auch Interpretation der Trainingsbeispiele genannt, was bedeutet, es muß Information aus dem Beispiel extrahiert werden, die in ihrer Repräsentationsform syntaktische Verallgemeinerungen erlaubt. Winston,1970, Hayes-Roth,1976 und Vere,1975 demonstrierten diesen Transformationsprozeß anhand von Spielzeugkonstruktionen (blocks world) aus denen strukturelle Beschreibungen über induktives Lernen abgeleitet werden können. Winston generiert aus den als Beispiele präsentierten Objekten einen relationalen Graph (semantisches Netz), der anzeigt, welche Objekte übereinander, nebeneinander liegen, ob sie sich berühren usw... Aus diesen Relationen wird beispielsweise das Konzept eines Torbogens ableitet. In Soloways, 1978, System BASEBALL werden 2000 Momentaufnahmen eines simulierten Baseball Spiels in eine höhere Episodenbeschreibung transformiert, aus der strategische Spielkonzepte abgeleitet werden können. Dufay und Latombe, 1983, benutzen mehrere sensorgestützte Trajektorien eines Roboters (traces of execution) als Trainingsbeispiele und transformieren sie in ein ausführbares LM (langage manipulateur) Roboterprogramm durch Induktion. Interpretation der Trainingsbeispiele bedeutet also die Umwandlung der Beispiele in eine Repäsentationsform, die verallgemeinernde Schlüsse im Regelraum zulassen, um das Lernziel für das Ausführungselement zu erreichen. Die Interpretation der Beispiele im Sinne einer Konzeptzusicherung setzt dabei die Kenntnis bezüglich ihrer Klassenzugehörigkeit und ihre Bewertung bezogen auf die gegebene Problemlösung voraus.

6.4 Der Regelraum

Der Prozess des induktiven Lernens kann als Suche im Regelraum nach plausiblen Erklärungen für Strukturen, Situationen, Aktionspläne oder Bewegungsstategien aufgefasst werden, die auf vorgegebene spezifische Beispiele Bezug nehmen und neue prädiktive Daten generieren. Die Suche in dem Regelraum ist gekennzeichnet durch:

- Die Beschreibung der Eingangsbeispiele und der Formulierungen der induktiven Erklärungen sowie die dazugehörigen Operatoren
- Die Art des gesuchten Plans, die Situations- oder Strukturbeschreibung
- Die Art der durchgeführten Transformationen
- Die verwendete Suchstrategie
  a. datengesteuert (bottom up)
  b. modellgesteuert (top down)

- Die Veränderung des Beschreibungsraums durch den Induktionsprozeß (konstruktive Induktion)
- Allgemeinheit oder Spezialisierung des Induktionsprozesses auf eine Problemklasse

Zum Entwurf eines lernenden Systems muß ein Regelraum gewählt werden, in dem Suchoperationen einfach durchführbar sind und der die gesuchten Regeln auch enthält. Die Repräsentationssprache für den Regelraum wird dabei durch die Art der logischen Schlüsse, die aus den Repräsentationen gezogen werden und einer Vereinheitlichung der formalen Repräsentation von Beispielen und Regeln beeinflußt. Die Aussagefähigkeit der Repräsentationen und die Suchstrategien hängen von der Komplexität der logischen Schlußfolgerungen ab, die aus den Präsentationen gezogen werden sollen. Der wichtigste schlußfolgernde Prozeß des Lernens aus Beispielen ist der Prozeß der Verallgemeinerung, bei dem weniger allgemeine Beschreibungen in allgemeinere umgewandelt werden. Die Erstellung induktiver Aussagen kann daher als schrittweise Anwendung von verallgemeinernden Regeln auf nicht oder partiell geordnete Beschreibungen gesehen werden. Eine verallgemeinernde Regel ist eine Transformationsregel, die wenn sie beispielsweise auf eine Klassifikationsregel $S_1 \Rightarrow K$ angewandt wird, eine allgemeinere Klassifikationsregel $S_2 \Rightarrow K$ erzeugt ($S_1 \Rightarrow K$ bedeutet, daß alle Objekte für die S_1 wahr ist, zur Klasse K gehören). Die Implikation $S_1 \Rightarrow S_2$ ist also gültig. Eine Verallgemeinerungsregel wird selektiv genannt wenn S_2 die gleichen Deskriptoren wie S_1 hat. Enthält S_2 neue Deskriptoren wird die Regel konstruktiv genannt. Selektive verallgemeinernde Regeln verändern nicht den Raum möglicher induktiver Aussagen, während konstruktive Regeln verändernd wirken. Zur genaueren Beschreibung verallgemeinernder Regeln sei auf die Literatur verwiesen (Larson 1977, Michalski, 1980, 1983). Oft benutzte Regeln bezüglich der Verallgemeinerung betreffen

- die Umwandlung von Konstante in Variable
- die Umwandlung von konjunktiven Beschreibungen in disjunktive Beschreibungen
- die induktive Auflösung
- geschlossene Beschreibungsintervalle
- die Erweiterung von Referenzen
- die Addition von Optionen
- die Zusammenfassung von Bedingungen

Zur Vereinfachung der Suche im Regelraum trägt eine einheitliche Repräsentation von Trainingsbeispielen und Regeln bei, da Klassifikations- und Transformationsprozesse wegfallen. Die Interpretation von Beispielen sowie die Planung von Experimenten wird dadurch wesentlich vereinfacht.

6.5 Steuerung der Suchoperationen im Regelraum

Die Induktionsverfahren können allgemein in Daten-gesteuerte (bottom up) und Modell-gesteuerte (top down) Strategien entsprechend ihrer Suchoperationen im Regelraum unterteilt werden. Die Suchoperationen haben die Aufgabe einen Satz H von plausiblen Regeln zu verfeinern, so daß er die gesuchten Punkte im Regelraum nach Möglichkeit beinhaltet, die zur induktiven Problemlösung führen. Steuert die Präsentation der Trainingsbeispiele die Suche, spricht man von Daten-gesteuerten Methoden, wird die Suche von einem a priori gegebenen Modell gesteuert, liegt eine Modell-gesteuerte Strategie vor.

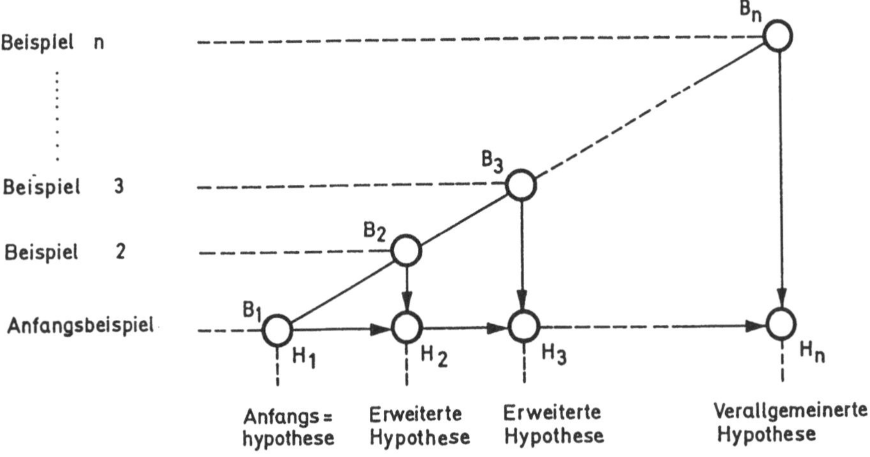

Bild 6.2: Schema der Verallgemeinerung von H durch eine Serie von Trainingsbeispielen

Die gebräuchlichste Daten-gesteuerte Methode ist die sogenannte Versionenraum-Methode. Hierbei werden Trainingsbeispiele als spezifische Punkte im Regelraum behandelt, d.h. die Beispiele und Regeln basieren auf einer einheitlichen Präsentationsform (single representation trick). Mit dem ersten positiven Trainingsbeispiel wird ein Regelsatz H initialisiert, der alle Hypothesen bezüglich dieses Beispiels erfüllt. Neue Trainingsbeispiele werden jeweils einzeln mit dem ursprünglichen Regelsatz H verglichen, um festzustellen ob die Hypothesen in H verallgemeinert oder spezialisiert werden müssen. Man fängt also mit einem ersten positiven Beispiel an und verallgemeinert die aufgestellten Hypothesen unter Verwendung von weiteren Beispielen, bis die endgültige verallgemeinerte (Konjunktion aller Beispiele) Hypothese vorliegt (Bild 6.2). Liegt ein Satz von Trainingsbeispielen vor, können auf diesen Satz spezielle Prozeduren oder Produktionsregeln angewandt werden, die entscheiden, wie der aktuelle Satz von Hypothesen zu verfeinern ist, d.h. es werden

Hypotheseverfeinerungsoperatoren angewandt. In jedem Zyklus werden aufgrund der vorliegenden Daten die Verfeinerungsoperatoren ausgewählt und angewandt. Ausführliche Beschreibungen von Daten-gesteuerten Methoden sind in Mitchell,1978, Quinlan,1979, Winston,1975, Hayes-Roth und Mc Dermott,1977, sowie Vere,1980, zu finden.

Daten-gesteuerte Strategien haben generell den Vorteil, daß sie inkrementelles Lernen unterstützen. Ein Merkmal der Versionenraum-Methode ist, daß der Regelsatz H leicht modifiziert werden kann, um neue Trainingsbeispiele zu berücksichtigen, wobei kein Backtracking durch das Lernprogramm benötigt wird. H wird dabei jedesmal auf der Basis eines gerade aktuellen Beispiels modifiziert, wobei fehlerhafte Beispiele große Abweichungen in H bewirken können.

Die Modell-gesteuerte Suche im Regelraum setzt ein a priori Modell vorraus aus dessen Regelraum Hypothesen generiert und gegenüber Trainingsbeispielen überprüft werden können. Das Modell-basierte Wissen wird verwendet, um den Hypothesegenerator derart zu beschränken, daß er ausschließlich plausible Hypothesen generiert. Es ist dabei das Ziel, die am besten geeigneten Hypothesen zu finden, die die vorgegebenen Restriktionen erfüllen.

6.6 Induktionsverfahren zur Erzeugung von Handhabungssequenzen

Der Induktionsprozeß wurde zu Beginn dieses Abschnitts als schlußfolgernder Prozeß definiert, der aus einigen Repräsentanten (oder auch einem einzigen) des Beispielraums unter Anwendung von Suchoperationen im Regelraum Hypothesen, d.h. in der Robotik Pläne für Handhabungssequenzen zur Ausführung vorgegebener Aufgaben, generiert. Die gesuchte Handhabungssequenz kann dabei entweder aus einem einzigen Beispielplan abgeleitet werden, wie etwa bei PLANEX (Fikes, Hart und Nilson, 1972), oder aus einer vorgegebenen Menge von Beispielplänen, wie bei Dufay und Latombe, 1983. Die Beschreibung der Handhabungsaufgabe besteht dabei allgemein aus dem Geometriemodell der Handhabungselemente, dem Anfangszustand (ursprüngliche Relationen zwischen den Objekten) und dem gewünschten Zielzustand (resultierende neue Relationen zwischen den Objekten) und den bei der Überführung zu berücksichtigenden Restriktionen. Übliche Beschreibungen von Zuständen sind durch Merkmale wie "entlang, auf, unter, parallel, Kontakt, kein Kontakt" sowie numerischen Attributen wie Abstand, Winkel, Orientierung, Frame sowie deren Unsicherheitsintervalle vorgegeben. Die Anfangszustände, sowie die Zielzustände sind also durch ihre geometrischen Relationen und numerischen Attribute vorgegeben (z.B. durch semantische Netze). Ein Plan zur Lösung einer Handhabungsaufgabe besteht in der einfachsten Form aus einer Sequenz von Bewegun-

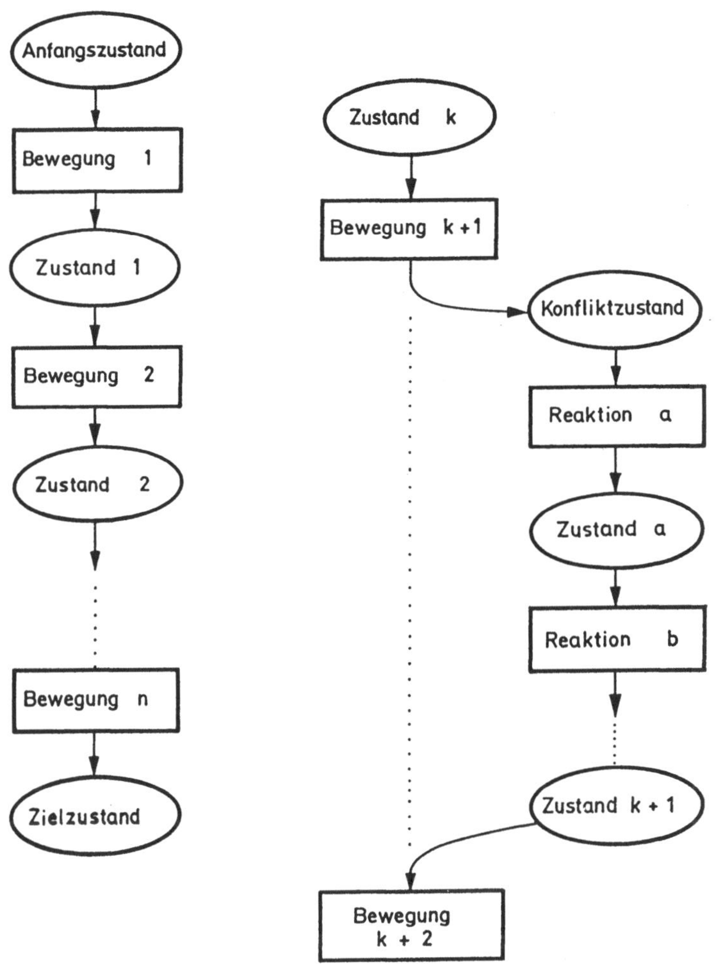

Bild 6.3: Bewegungsplan für eine Handhabungsaufgabe und seine Modifikation im Konfliktfall

gen, wobei jede Bewegung ein Teilziel im Rahmen des Gesamtziels des Plans realisiert (Bild 6.3). Kann ein Zwischenzustand nicht erreicht werden, tritt also eine Konfliktsituation ein, was normalerweise erst zur Ausführungszeit des Plans durch einen Monitor festgestellt werden kann, muß eine Reaktion in Form eines Korrektur- oder Zwischenplans generiert werden. Der Zwischenplan kann wiederum in Teilelemente zerlegt sein, die als Ziel den zuvor nicht erreichbaren Zwischenzustand realisieren. Als Planungselement sind Heurismen oder Produktionensysteme sinnvoll. Produktionsregeln haben die einfache Form einer Zuordnung von Bedingungen zu einem Plan.

<Bedingungen> ⇒ <Plan>

Links stehen Bedingungen bezüglich der Anfangssituation sowie der Zielsituation (Reaktionen, numerische Attribute, Restriktionen), während rechts der Bewegungsplan als Liste von Bewegungssegmenten und den beabsichtigten Zwischenzielen sowie Wechselwirkungsbeschreibungen wie Fügekräfte, Drehmomente etc. stehen. Bei der Aktivierung des Planers liegen entweder die Bedingungen der Handhabungsaufgabe oder diejenigen der unerwünschten Konfliktsituationen vor. Der Planer wählt dann eine der Produktionsregeln aus. Die sequentielle (auch parallele) Ausführung des Plans kann durch einen Monitor erfolgen. Er überwacht die Ausführung der einzelnen Operationen des Plans wobei sogenannte Analyseregeln in Form von Produktionsregeln verwendet werden können.

<Bedingungen> ⇒ <Relationen>

Links stehen Bedingungen bezüglich der Handhabungsobjekte, Relationen der Teile vor der zuletzt ausgeführten Bewegung und die Zielrelationen dieser Bewegung sowie Bedingungen bezüglich der Sensordaten der vorhergehenden und aktuellen Operation. Auf der rechten Seite stehen Beschreibungen der erzielten Relationen (elementare Relationen) und aktuelle numerische Attribute bezogen auf die Relationen (aktuelle Resultate). Nur eine Analyseregel sollte jeweils nach einer Operation angewendet werden. Wenn die Zielrelation der letzten Operation durch die Relationen auf der rechten Seite der Analyseregel erfüllt sind, kann der Monitor mit der Ausführung der nächsten Operation beginnen. Ist dies nicht der Fall, muß ein Korrekturplan generiert werden. PLANEX benutzt innerhalb der Dreieckstafeln sogenannte Wahrheitstabellen, über die erwartete Resultate und tatsächliche Resultate verglichen und ausgewertet werden können. Weitere Parameter, die vom Monitor erfaßt werden, können die zur Ausführung eines Plansegments benötigte Zeit, den Betrag der durchlaufenen Wegstrecke, sowie die maximalen Beschleunigungs- und Geschwindigkeitswerte betreffen. Die Beispiele, die im Induktionsprozeß referenziert werden, sind Aufzeichnungen (traces) von bereits ausgeführten Operationssequenzen, die als linearer Graph präsentiert werden können (oder auch Makrooperatoren in Form von Dreieckstafeln).

Entsprechend den Unsicherheiten in der Umwelt können mehrere Ausführungen einer gleichen Aufgabe zu unterschiedlichen Bewegungssequenzen führen. D.h., jede Aufzeichnung einer Bewegungssequenz weist die gleiche Anfangs- und Endsituation auf, es wurden also die gleichen Planungsregeln verwendet, lediglich die Analyseregeln führten zu unterschiedlichen Unterplänen. Dufay und Latombe, 1983, verwenden als Trace einen Graph der in seinen Knoten Operationen und in seinen Kanten Zustände repräsentiert. Die Zustandsinformation enthält erreichte Relationen, aktuelle numerische Attribute bezogen auf die Relationen (rechte Seite der Analyseregel) und Sensorbedingungen (linke Seite der Analyseregel). Das Lernziel im Induktionsprozeß besteht nun darin, unter Ver-

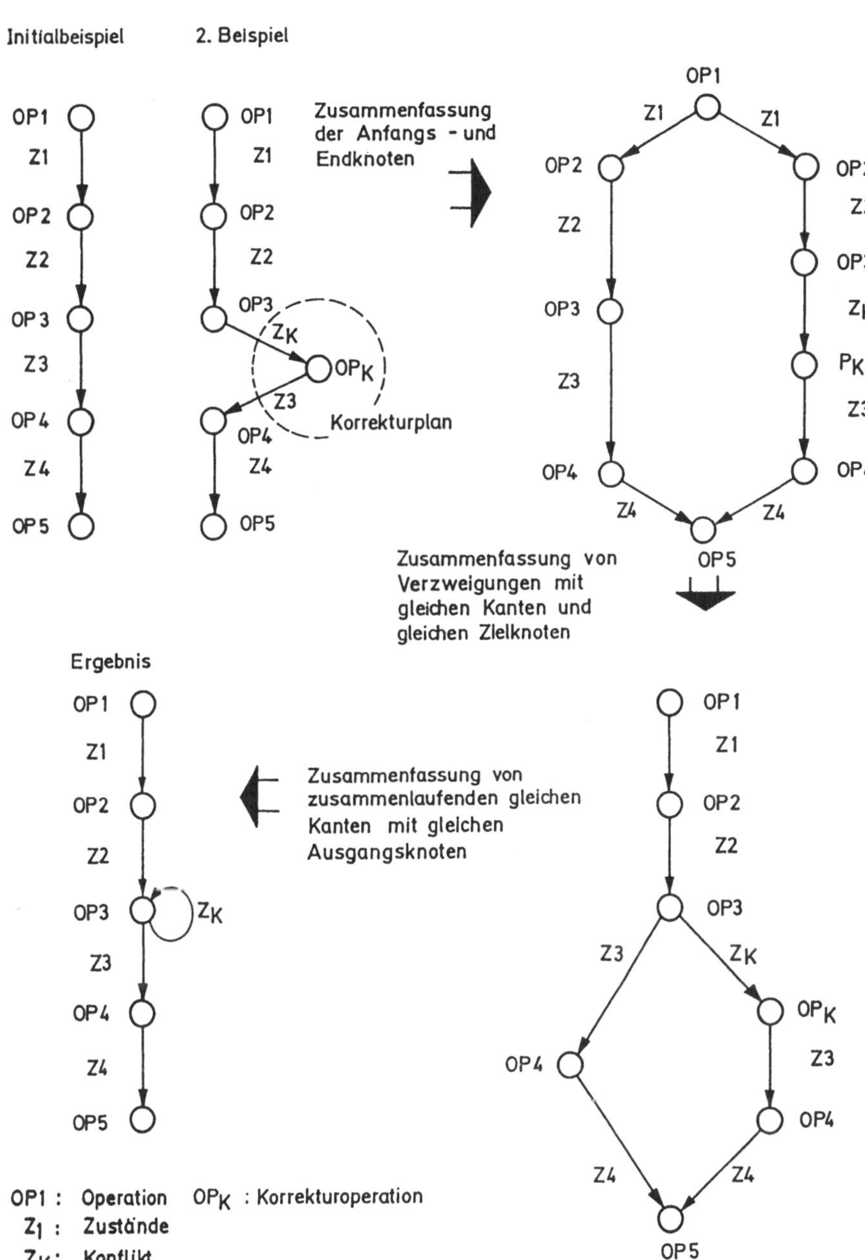

Bild 6.4: Kombination zweier Beispielgraphen zu einem neuen Graphen (Verallgemeinerung)

wendung mehrerer Beispiele (traces) ein allgemeines ausführbares Programm bzw. einen Plan zu erstellen. In der Initialphase wird ein Programm durch den Planer generiert, über den Monitor ausgeführt und eine Aufzeichnung zusammengestellt. In der nächsten Phase wird ein zweiter Plan, bezüglich der gleichen Aufgabe , aber mit geänderten Unsicherheiten (Aufgabe des Experimentators) generiert. Das Ziel besteht nun darin, aus beiden resultierenden jeweils abweichenden Aufzeichnungsgraphen einen einzigen Graphen zusammenzustellen, der dann beide Unsicherheiten im Plan berücksichtigt. Der resultierende Graph wird bei der nächsten Planausführung mit dem neuen Graph vereint, bis sich nach n-Beispielen keine neue Graphenstruktur mehr ergibt (Konvergenz).

Bild 6.4 zeigt die Generierung eines Graphen aus zwei Aufzeichnungen unter Verwendung einfacher Regeln zur Graphenmanipulation. Bezogen auf das einfache Modell in Bild 6.1 wird durch den Experimentator das Beispiel ausgewählt. Die Beispiele werden solange variiert, bis der Planer für die gestellte Aufgabe eine allgemeine Lösung gefunden hat. Der Monitor hat die Aufgabe, die Eindrücke aus den Beispielen zu generieren, der Hypothetisierer sucht im Regelraum nach plausiblen verallgemeinerten Lösungskonzepten.

6.7 Lernen unter Verwendung von Simulationstechniken

Anstelle eines realen Roboters als Ausführungselement in einem lernenden System, kann ein virtueller Roboter (auch emulierter Roboter) zur Bewertung von Aktionsplänen verwandt werden. Ausgehend von einer Wissensbasis erstellt ein Planungsprogramm einen Aktionsplan. Die Ausführung dieses Plans wird simuliert und auf Fehler hin überprüft. Die Fehler werden von dem Lernelement ausgewertet und zur Korrektur der fehlerhaften Strukturen in der Wissensbasis verwandt. Ein neuer Plan kann erstellt und in einen weiteren Lernzyklus auf Fehler hin überprüft werden. Diese Strategie fällt in die Kategorie des Lernens durch Beispiele. Sussman,1975, entwickelte mit HACKER ein Lernsystem, daß die Manipulation von Spielzeugbausteinen durch einen hypothetischen Ein-Arm Roboter vollführt. HACKER ist ein Programm, das aus folgenden Komponenten besteht (Bild 6.5):

1. Ein Planungmodul, das Pläne durch Erweiterung von Planungoperatoren entwickelt
2. Ein Kritiker, der die Pläne nach bekannten, schon verallgemeinerten Fehlern hin überprüft
3. Ein Simulator, der die Ausführung der Pläne simuliert, und nach Fehlern wie z.B. Kollisionen überprüft
4. Debugger und Verallgemeinerungsmodul, das Fehler in den Plänen lokalisiert und beseitigt. Die Fehler werden nach ihrer Klassifizierung dem Kritiker übergeben

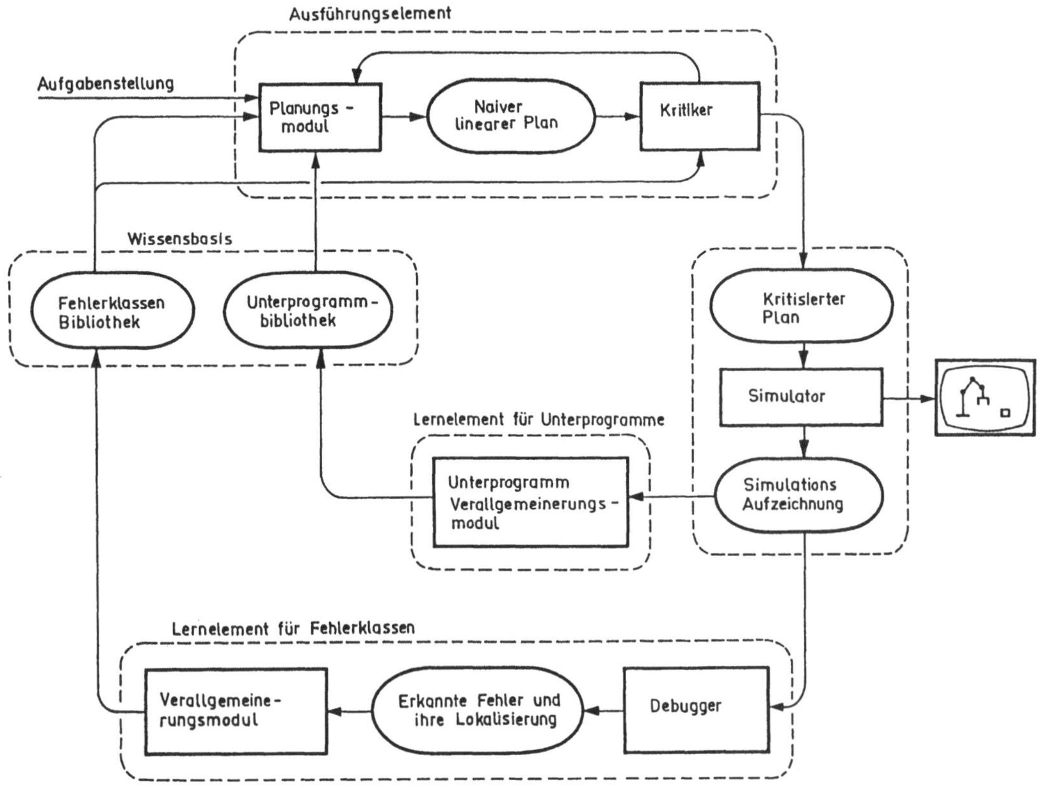

Bild 6.5: Schematische Struktur von HACKER mit unterlagertem Lernsystem

5. Ein Verallgemeinerungsmodul und ein Unterprorammgenerierungsmodul, das Pläne verallgemeinert und sie in der Wissensbasis abspeichert

Die Pläne und die Aufzeichnungen ihrer Ausführung (Simulation) werden in diesem System ausgewertet um zum einen verallgemeinerte Unterprogramme (vgl. Makrooperatoren in STRIPS) und zum anderen verallgemeinerte Fehlerklassen (generalized bugs) zu finden. Das Planungselement wendet also eine Reihe von Operatoren an, um eine Aktionssequenz zum Erreichen eines vorgegebenen Ziels zu generieren. Während der Planer den Aktionsplan entwickelt, überprüft ihn gleichzeitig der Kritiker nach ihm bekannten Fehlerklassen und veranlaßt gegebenenfalls Korrekturen. Der "kritisierte" Plan wird danach durch den Simulator ausgeführt, um die Genauigkeit des Plans sowie neu auftretende oder auch nicht erkannte Fehler zu finden. Der Debugger analysiert Schritt für Schritt die Simulationsergebnisse, um Lücken im Planungsprozeß zu finden. Zwei Lernelemente treten hierbei auf. Ein Lernelement unterstützt die Entwicklung von verallgemeinerten Unterprogrammen, während das andere Lernelement Fehlerklassen lernt, mit deren Kenntnis der Kritiker befähigt wird, Operationspläne zu bewerten.

HACKER ist auf eine Blockwelt zugeschnitten. Der Planer arbeitet nach einfachem Schema, indem er Probleme, die durch ihre Anfangs- und Zielsituationen sowie ihre Restriktionen vorgegeben sind, schrittweise reduziert. Das zu erreichende Ziel wird mit vorhandenem Wissen über bereits generierte Pläne, Unterprogramme (Operatoren) und Verfeinerungsregeln aus der Wissensbasis verglichen. Wird ein bekannter Plan oder ein Operator gefunden, der das Erreichen des Ziels unterstützt, wird er angewandt. Ist die Suche nicht erfolgreich werden Verfeinerungsregeln angewandt um das Ziel in eine Kette von Teilzielen zu zerlegen. Zum Erreichen der Teilziele wird in der Wissensbasis wiederum nach Plänen, Operatoren und Regeln gesucht um einen Teilplan zu generieren. Die Zerlegung in Teilziele wird solange verfolgt, bis das Problem gelöst ist. Bei konjunktiven Teilzielen, wenn also Teilziel A und Teilziel B zu realisieren sind, wird eine lineare Folge, d.h. erst Teilziel A und dann Teilziel B geplant. Sind die Teilziele nicht unabhängig voneinander, kann der Plan zwar logisch richtig sein, aber nicht ausgeführt werden, da sich die Teilziele z.B. gegenseitig ausschließen. Es ist somit die Aufgabe des Kritikers, den Plan unter Verwendung von Wissen bezüglich möglicher Fehler, zu überprüfen und gegebenenfalls die Schritte im Plan zu ändern. Das Resultat ist dann ein Plan, der die Erfahrung aus vorangegangenen Planungsoperationen nutzt. Der Plan muß aber nicht hinreichend korrekt sein. Der kritisierte Plan wird danach in seiner Ausführung simuliert, um festzustellen ob er korrekt arbeitet oder nicht. Diese Methode wird in der Literatur auch mit "deep reasonig" bezeichnet. Können keine eindeutigen Schlüsse über die Korrektheit von Plänen gezogen werden, wird über Simulation versucht, weitere Informationen zu gewinnen, um eine eindeutige Aussage machen zu können. In HACKER werden Fehler wie "verbotene Operationen", "Fehloperation" oder "Operation ohne Nutzen (Wirkungsgrad)" erkannt. Weitere Fehler wie Kollisionen, Verletzungen von Restriktionen oder auch Bahnfehler lassen sich hinzufügen. Je nach Detaillierungsgrad des virtuellen Roboters und seiner Umwelt können in der Simulation wesentlich mehr Fehler in Roboterplänen gefunden werden, was allerdings zu sehr komplexen Programmen führt (Dillmann und Huck, 1985).

Jeder Schritt in den Plänen enthält Informationen über den Planungsprozeß selbst, d.h. jeder Schritt wird begründet und das Teilziel, das durch ihn erreicht werden soll, wird beschrieben. Dabei werden Hauptschritte und sogenannte vorbereitende Schritte unterschieden. Hauptschritte sind zielgerichtet auf die zu erreichende Zielsituation, während vorbereitende Schritte im Plan der Erfüllung von Vorbedingungen für die Hauptschritte gewidmet sind. Wird beispielsweise ein zu greifendes Teil von einem anderen Teil überlagert, muß dieses erst gegriffen und auf die Seite gelegt werden. Der Simulator benutzt die Zielinformation in jedem Planungsschritt, um nach der Simulation den erreichten Zustand mit dem zu erreichenden Ziel vergleichen zu können. Das nachgeschaltete Lernelement wertet die Aufzeichnung des Simulators aus, um die erfolgreichen Teilschritte in der Planungsausführung zu verallgemeinern, indem alle verallgemeinerungsfähigen Konstanten in Variable umgewandelt werden. Weiterhin können Teiloperationen, die vergleichbare Zwischenziele realisieren, konjunktiv zusammengefaßt werden. Abgespeicherte Ziele und Zwischenziele eines speziellen Plans werden hierbei referenziert und verallgemeinert. Diese haben also in dem Lernelement die Form eines vorgegebenen Beispiels (Trainingsinstanz). Das Unterprogramm-Lernelement arbeitet daher nach dem Prinzip des Lernens aus Beispielen.

Die Aufgabe des Lernelements für Fehlerklassen ist weitaus schwieriger. Dieses Lernelement muß feststellen, warum der Plan versagt hat und die gefundenen Fehler korrigieren. Danach muß der Fehler verallgemeinert und dem Kritiker übergeben werden. Damit kann der Kritiker verhindern, daß Fehler dieser Klasse zukünftig vermieden werden können. Das Lernelement bewertet dabei die Regeln (credit assign) bezüglich ihres Erfolgs bei der Planung. Die Korrektur von fehlerhaften Plänen erfordert Wissen, wie diese Fehler zu korrigieren sind. Zum Beispiel können für jede Fehlerklasse alternative Unterprogramme zur Korrektur zur Verfügung gestellt werden.

Drei Klassen von Wissen liegen in Systemen dieser Art vor. Wissen zur Erstellung von Operationsplänen, Wissen zur Erkennung von Fehlern und Wissen zur Behandlung von fehlerhaften Plänen. Bei ausreichender semantischer Beschreibung einer Aufgabe kann dieses Verfahren erfolgreich eingesetzt werden.

7 Lernen in Regelungssystemen

In zahlreichen technischen Bereichen werden unter dem Gesichtspunkt de Steuerung zeitvarianter Prozesse lernende Systeme untersucht, die unter den Begriff adaptive Regelung zusammengefaßt werden können (Tsypkin, 1973 Saridis, 1979, Aström et.al., 1977). Sie werden insbesonder dann benötigt wenn klassische mathematische Systemlösungen zur Regelung des technische Prozesses nicht angewandt werden können, da entweder ungenügendes Wisse bezüglich des unterlagerten Systems vorliegt oder das System zeitliche Parameter- oder Strukturschwankungen unterliegt. Solche Fälle liegen häufi bei stark verrauschten Prozessen und sich schnell ändernden Situationen in de Umgebung des Prozeß vor. Die klassische Systemtheorie beschäftigt sich mi dem Entwurf und der Analyse von technischen dynamischen Systemen ode Prozessen, wobei das verhalten des Systems durch einen Operator modellier werden kann,der einen Eingabevektor $\bar{x}$ auf einen Ausgabevektor $\bar{y}$ abbildet Fragestellungen dieser Art treten vor allem bei Regelungsproblemen und de Mustererkennung auf. Im folgenden werden Strukturen und Ansätze zu adaptiven Regelungssystemen in der Robotik vorgestellt.

7.1 Adaptive Regelungssysteme mit Selbsorientierung

Ausgangspunkt der Betrachtung seien regelungstechnische Systeme, die einen Eingabevektor $\bar{x}$ (Führungsgröße) auf einen Ausgabevektor $\bar{y}$ abbilden. Ist das mathematische Modell des Systems bekannt, z.B. durch einen Satz von Differentialgleichungen, so kann der Operator zur Modellierung der Systemeigenschaften ohne Probleme gefunden werden. In elektromechanischen Systemen sind hierzu die charakteristischen Systemparameter und Strukturen zu bestimmen, die aus physikalischen Gesetzen z.B. in Form von Bilanzgleichungen abgeleitet werden können. Im Falle komplexer, intern verkoppelter und zeitvarianter technischer Prozesse ist ein solcher Ansatz nicht immer möglich. In diesem Fall ist es notwendig, das System in seiner Struktur und Parametern zu identifizieren (Systemparameter oder Struktur), um ein möglichst exaktes Modell konstruieren zu können. Die Ein- und Ausgänge des Systems und in manchen Fällen die inneren Zustände, soweit dies möglich ist, werden dabei beobachtet, um eine empirische Relation zwischen den Ein- und Ausgabe-Vektorpaaren zu finden. Mustererkennung, der zweite Problemkreis, in dem adaptive Lernstrategien benutzt wird, kann ebenso als Systemidentifikationsproblem gesehen werden. Ein Musterklassifikationssystem erhält einen Merkmalsvektor, der ein Objekt als Eingabevektor beschreibt und ihn auf eine Musterklasse abbildet.

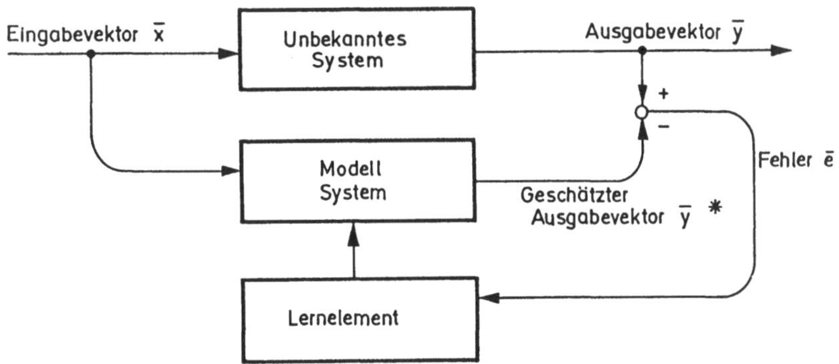

Bild 7.1: Struktur eines einfachen adaptiven Systemidentifikationssystems

In Bild 7.1 ist ein einfaches Schema einer adaptiven Systemidentifikation dargestellt. Das unbekannte System und das Modell sind parallel konfiguriert. Beide haben einen gemeinsamen Eingabevektor $\bar{x}$ und einen Ausgabevektor $\bar{y}$ und $\bar{y}^*$. Der Vektor $\bar{y}$ des unbekannten Systems wird mit dem Vektor $\bar{y}^*$ des bekannten Modells verglichen. Die Abweichung $\bar{e}$ wird an das Lernelement zurückgeführt, das darauf hin das Modell gemäß einer Such- und Lernstrategie gezielt modifiziert, bis $\bar{e} = \bar{0}$ ist oder einem Minimum zustrebt.

Gemäß der Terminologie des einfachen Lernsystemmodells in Abschnitt 3.1. stellt das unbekannte System die Umformungsquelle für den Lernvorgang dar. Es versorgt das Lernelement mit Beispielen in Form von $\bar{x}$-$\bar{y}$ Vektorpaaren. Das Lernelement modifiziert bestimmte Parameter, Koeffizienten, oder die Struktur des Modells, das der Wissensbasis entspricht, solange, bis das Modellsystem (Ausführungsteil) das unbekannte System in seinem Verhalten modelliert.

Aus dieser Sicht handelt es sich daher bei der adaptiven Systemidentifikation, der adaptiven Regelung und der Mustererkennung um Probleme des Lernens aus Beispielen. In den folgenden Abschnitten wird die Struktur der Lernapparate in adaptiven Systemen behandelt. Der Begriff "adaptives System" wird in der Literatur auch mit "sich selbst organisierendes System" (SOS, self organizing system, Yovits, G.T. et.al., 1962) bezeichnet, wobei zwischen dem sich selbst organisierenden Prozeß und der sich selbst organisierenden Steuerung unterschieden wird (Saridis, 1979):

Def.: Sich selbst organisierender Steuerungsprozeß
Ein Steuerungsprozeß wird als sich selbst organisierend bezeichnet, wenn die Reduktion der a priori Unsicherheiten, die eine effektive Prozeßsteuerung erschweren, durch Beobachtung der zur Verfügung stehenden Ein- und Ausgangssignale mit fortschreitendem Prozeßverhalten durchgeführt wird.

Def.: Sich selbst organisierende Steuerung
Eine Steuerung, die für einen sich selbstorganisierenden Prozeß entworfen wird, wird als sich selbst organisierend bezeichnet, wenn sie eine on-line Reduktion der a priori Unsicherheiten zur effektiven Prozeßsteuerung durchführen kann.

Die Definition kann auf spezielle adaptive Prozesse wie z.B. parameteradaptive Prozesse spezialisiert werden.

Def.: Parameteradaptiver Prozeß mit sich selbstorganisierender Steuerung
Ein sich selbst organisierender Steuerungsprozeß wird parameteradaptiv genannt, wenn es möglich ist, a priori Unsicherheiten bezüglich eines den Prozeß charakterisierenden Paramtervektors durch Beobachtung der Ein- und Ausgangssignale mit fortschreitendem Prozeßverhalten zu reduzieren.

Eine zweite Kategorie adaptiver Prozesse sind die sogenannten "performance"-adaptiven Prozesse, die für zahlreiche Roboteranwendungen zutreffen. Performance (engl.) bedeutet Güte, Qualität, Genauigkeit im Sinne der Bewertung von Prozeßverhalten.

Def.: "performance"-adaptiver sich selbstorganisiereder Prozeß
Ein adaptiver Prozeß wird "performance-adaptiv" genannt, wenn es möglich ist, direkt die Unsicherheiten bezüglich des Prozessmodells und der Steuerungsstrategie (Struktur und Parameter) zu reduzieren, durch die eine qualitativ verbesserte Prozeßführung ermöglicht wird. Die Reduzierung der Unsicherheit erfolgt durch ständige Beobachtung der Ein- und Ausgänge mit fortschreitendem Prozeß.

Allen Prozessen ist gemeinsam, daß die Unsicherheiten als reduzierbar angenommen werden. Die Reduktion von a priori Unsicherheiten in Regelungssystemen, wird auch häufig als lernende Regelung (oder lernende Steuerung) bezeichnet.

7.2 Modelle adaptiver Lernstrategien

Die Entwicklung der mathematischen Werkzeuge in der Systemtheorie wurden nach ihrer wesentlichen Systematisierung in den 40er Jahren auf die Frage der optimalen Prozeßführung konzentriert. Zu den klassischen Entwurfskriterien für Regelungssysteme wurden hierzu Gütekriterien in Form von Gütefunktionalen hinzugezogen, die durch Variationsmethoden minimiert werden können. In der Literatur liegen zahlreiche Arbeiten hierzu vor (Feldbaum, 1965, Pontryagin, 1962, Saye und Melsa, 1971, Bryson und Ho, 1969, Nilsson, 1965). Ein wichtiger Schritt zu lernenden Steuerungssystemen ist die Formulierung stochastischer Steuerungs- und Regelungsprobleme. In dieser Systemklasse treten nicht vorhersagbare Signal- oder Parameterschwankungen mit bekannter stati-

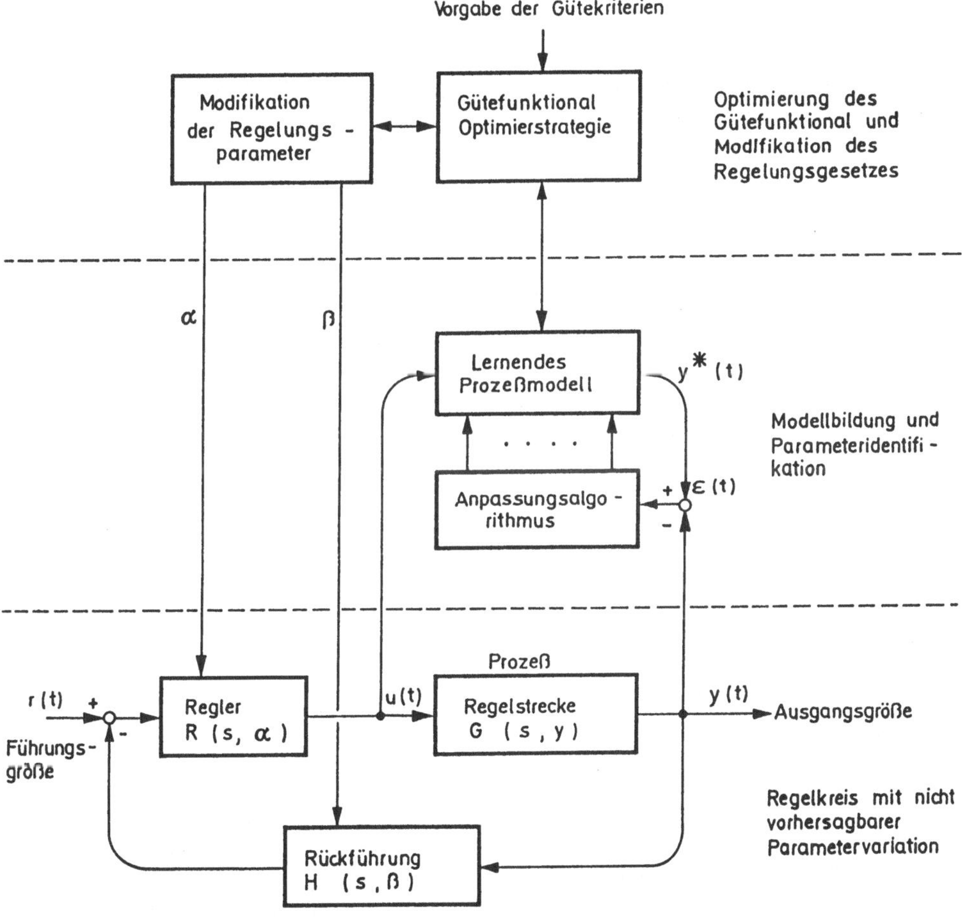

Bild 7.2: Blockdiagramm eines parameteradaptiven Regelungssystems mit einem lernenden Modell zur Erkennung von Parameter änderungen

stischer Verteilung als Teil des Steuerungs- bzw. Regelungsprozesses auf (Aström, 1970). Ein stochastisches Steuerungsproblem ist dadurch gekennzeichnet, daß die inhärenten Unsicherheiten des Prozesses aus meßbaren Prozeßgrößen nicht statistisch reduzierbar sind. Auf dieser Basis wurden zahlreiche heuristische und semiheuristische Steuerungskonzepte entwickelt die prinzipiell die drei Teilprobleme

- Modellbildung und Identifikation,
- Bewertung und Entscheidung, sowie
- Modifikation oder Generierung einer Steuerstrategie oder eines Regelungsgesetzes

berücksichtigen. Steuerungssysteme, die diese drei Teilprobleme im Sinne einer optimalen Prozeßdurchführung vereinen, werden als adaptives Steuerungssystem (Gibson, 1962, Lee, 1964, Sworder, 1966), oder als selbstoptimierendes System, oder auch als sich selbst organisierendes System bezeichnet.

Bild 7.2 zeigt ein hierarchisch gegliedertes adaptives System, das die drei Teilprobleme (hier im Falle einer Parameteradaption) getrennt bearbeitet.
Die Unsicherheiten betreffen die zeitlichen Änderungen des Parametervektors γ der Regelstrecke. Die Modellbildung und die Parameteridentifikation wird durch einen Anpassungsalgorithmus (parameter tracking) durchgeführt, der den Ausgang des Prozeßmodells mit dem der Regelungsstrecke vergleicht. Die Struktur des Prozeßmodells sei a priori bekannt. Die Parametervektoren α des Reglers und β des Rückführungselements müssen den Parameterschwankungen γ angepaßt werden, um optimales Prozeßverhalten zu erreichen. Hierzu wird ein Gütefunktional herangezogen, das zum Minimum zu machen ist. Parameter-adaptive Regelungssysteme für Systeme, die in stochastischer Umgebung operieren, wurden in zahlreichen Formen seit 1960 entwickelt. Bellmann, 1961, Mishkin und Braun, 1961, veröffentlichten als einige der ersten die Grundlagen für deterministische adaptive Algorithmen. Bild 7.3 zeigt die prinzipielle Struktur eines allgemeinen parameter-adaptiven selbstorganisierenden Steuerungssystems.

Die Struktur der Regelstrecke wird als a priori bekannt angenommen, während die reduzierbaren Unsicherheiten des Prozesses einen Vektor Θ aus Parametern und Rauschstatistiken bilden. Eine Identifikationsprozedur wird benutzt, um den unbekannten Vektor $\Theta = [\Theta_1, \cdots, \Theta_n]^T$ durch seine Schätzung $\Theta(k)$ zum Zeitpunkt k sequentiell zu "lernen". Die Information der Parameteridentifikation wird zusammen mit dem Ausgang eines Zustandsschätzelements benutzt, um den gewünschten deterministischen Regler zu aktualisieren. Zahlreiche Schätzverfahren entsprechend den Rauschcharakteristika wurden hierzu entwickelt, um approximierte stochastische optimale Regelungsprobleme (Lee, 1964) zu lösen. "Performance"-adaptive selbstorganisierende Steuerungsstrukturen werden dort eingesetzt, wo die Dynamiken der Prozesse teilweise oder vollständig unbekannt sind. Oft ist auch die Dimension des Zustandsraums eines

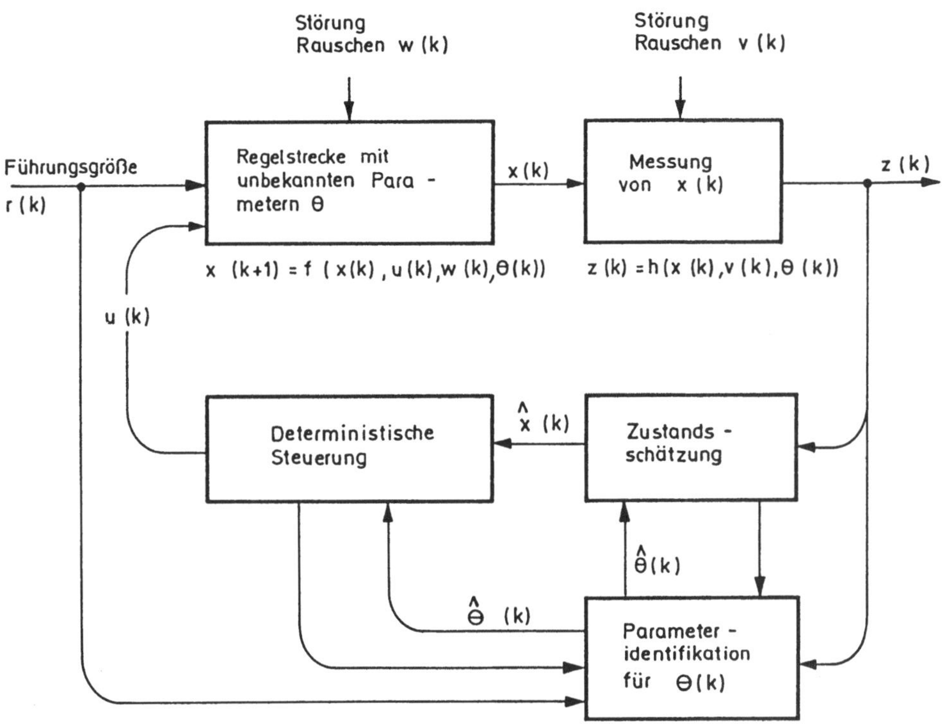

Bild 7.3: Blockdiagramm eines parameteradaptiven selbstorganisierenden Systems

Prozesses sowie seine stochastische Umgebung nicht modellierbar. Dies trifft häufig bei komplexen Manipulatoren zu, deren Dynamiken nur sehr aufwendig modellierbar oder fehlerhaft modelliert sind. Insbesondere Reibungseffekte bereiten heute noch große Schwierigkeiten und führen zu Bahnfehlern, da die Stellkräfte und Momente nicht exakt berechnet werden können. Die dadurch notwendige Reduzierung des dynamischen Modells und die Lockerung der Optimalitätsbedingungen und die damit verbundenen Fehler können durch unterlagerte Lernstrategien kompensiert werden. Die Lernstrategie hat dabei die Aufgabe die Genauigkeit des System zu sichern, ohne seine exakte Struktur zu identifizieren (siehe Bild 7.4). Anstelle von analytischen Steuerungsstrategien werden hier intelligente Entscheidungsstrategien eingesetzt, die einfache Steuerungsfunktionen beinhalten (Fu, 1969).

Craig, 1983, wendet dieses adaptive Schema auf Roboter an, um die unbekannten Anteile der vorliegenden Roboterdynamik zu kompensieren. Die Robotersteuerung besteht aus zwei Teilen (Bild 7.5). Ein Teil regelt die bekannten Modellanteile über Servoregelkreise, während der andere Teil die unbekannten Dynamikanteile kompensiert. Dabei werden Bahnfehler aus vorherigen Armbe-

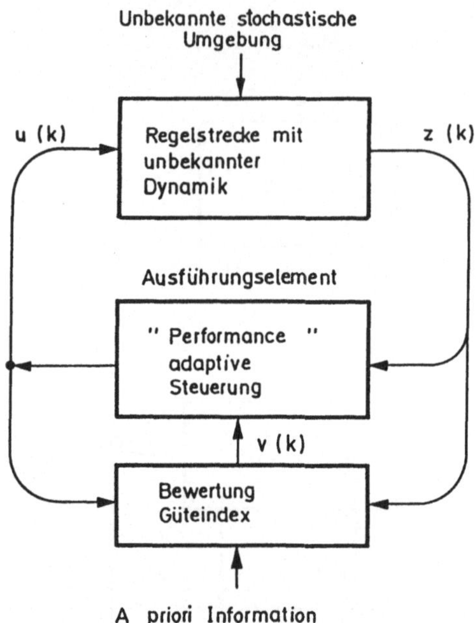

Bild 7.4: Struktur eines "performance"-adaptiven selbstorganisierenden Systems

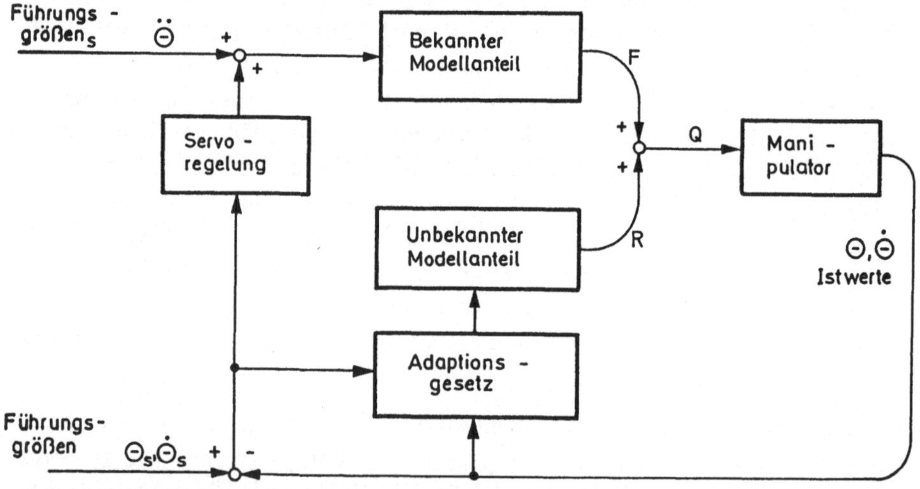

Bild 7.5: Schema der adaptiven Manipulatorsteuerung durch wiederholtes Probieren (nach Craig, 1983)

wegungen ausgewertet, um für zukünftige gleiche oder ähnliche Armbewegungen den Fehler zu reduzieren. Über einen adaptiven Entscheidungsalgorithmus lernt das System die unbekannten Dynamikanteile in Form von Kompensationsvariablen.
Die Erweiterung der "performance"-adaptiven selbstorganisierenden Systeme von Regelungsproblemen auf verhaltensbeeinflussende Steuerungsprobleme führte zu der Entwicklung von lernenden Automatenmodellen (Fu und Li, 1969). Hierbei wird die gesamte Steuerungsaufgabe in Teilaufgaben (Zustände) zerlegt und intervallweise ausgeführt. Die Gütekriterien für die Teiloperationen sind dabei verträglich mit dem Gütekriterium der Gesamtoperation (Fu und McLaren 1965).

Adaptive Lernstrategien für Systeme mit Selbstorganisation werden heute in der Robotik auf gelenknahen Steuerungsebenen (kartesische Trajektorie und Gelenktrajektorie) effizient eingesetzt, um parametrische Unsicherheiten bezüglich der Umgebung oder der Dynamik oder beiden mit fortschreitendem Prozeß zu reduzieren. Im Bereich der Roboteranwendungen mit Kraft-Momentrückkoppelung sind hierzu zahlreiche Arbeiten veröffentlicht (Whitney, 1977, Paul und Shimano, 1976, Mason, 1981, und Hirzinger, 1985). Hierzu wird besonders auf das Lernen sensorgeregelter Unterräume, selbständiges Einstellen der Regelparameter und Korrekturfunktionen abgezielt.

8 Lernende Automatenmodelle

Ein alternativer Ansatz zur Modellierung unbekannter oder teilweise bekannter Systeme besteht darin, sie als endlichen Zustandsautomaten zu behandeln (Fu, 1970a). Das zu lösende Problem besteht darin, einen endlichen Zustandsautomaten zu finden, dessen Verhalten dasjenige des unbekannten Systems nachbildet. Zwei Ansätze sind hierzu möglich. Der erste Ansatz modelliert das unbekannte System als deterministischen endlichen Zustandsautomaten mit zufällig gestörten Eingangsvektoren. Das Lernverhalten dieses Automaten wird durch eine Wahrscheinlichkeitstransitionsmatrix charakterisiert, die auf den Anfangszustand des Systems bezogen ist. Sie besagt, mit welcher Wahrscheinlichkeit einem Zustand X_n ein Zustand X_{n+1} folgt. Aus dieser Matrix kann ein äquivalenter deterministischer Automat abgeleitet werden, der die Wahrscheinlichkeitsverteilung der Eingangsvektoren berücksichtigt. Voraussetzung hierzu ist, daß die inneren Zustände des unbekannten Systems beobachtet werden können. Der zweite Ansatz sieht das unbekannte System als einen stochastischen Automaten, der durch eine Zufallstransitionsmatrix für jeden möglichen Eingabevektor charakterisiert ist. Verstärkungstechniken werden von dem Lernapparat angewandt, um die Transitionswahrscheinlichkeiten zu korrigieren und anzupassen. Diese Methode erfordert einen großen Aufwand an Trainingsläufen, um Informationen bezüglich allen möglichen Transitionen zu bekommen. Auch hier wird angenommen, daß die internen Zustände beobachtbar sind.

Auf der Grundlage des "Fuzzy Mengen Konzepts" (Zadeh, 1965, 1973) wurden sogenannte Fuzzy-Automaten (Wee und Fu, 1969) entwickelt, die dem Konzept der stochastischen Automaten ähneln. Da die Fuzzy-Mengentheorie auf zunehmendes Interesse stößt, wird sie in Abschnitt 8.2 ausführlicher behandelt.

8.1 Ein stochastischer Automat als Modell lernender Robotersteuerungen

Unter dem Gesichtspunkt der Nutzung von Erfahrungen aus der Vergangenheit (Training) wurden stochastische Automaten als Modelle lernender Systeme mit begrenztem a priori-Wissen untersucht (Fu, 1970a).

Ein Automat ist allgemein durch sein Zustandsdiagramm charakterisiert und kann durch ein Quintupel

$$M = (W, X, Y, G, T) \tag{8.1}$$

beschrieben werden (Alexander, Hanna, 1976). W ist eine Menge von Eingabeinformationen (Vektor), Y eine Menge von Ausgabeinformationen (Vektor), die von dem Automat verarbeitet, bzw. generiert werden. X ist eine endliche Menge von inneren Zuständen des Automaten. G überführt die zur Zeit t_n gültigen Paare W, X in den nächsten Zustand X zur Zeit t_{n+1}. T verknüpft W, X (gültig zur Zeit t_n) mit der Ausgabeinformation Y zur Zeit t_n.

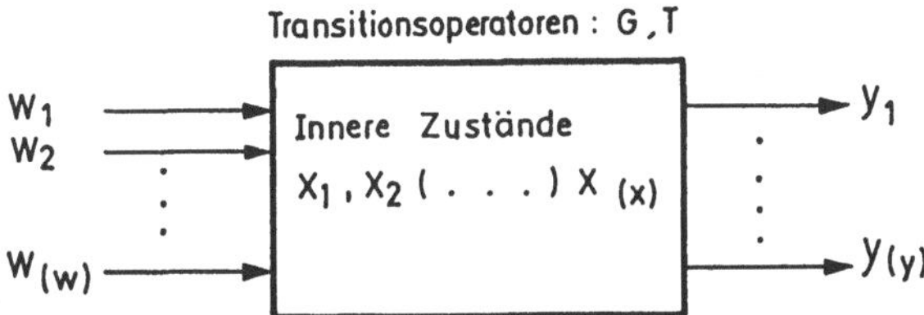

Bild 8.1: Schematische Darstellung eines endlichen Zustandsautomaten

Bei genügender a priori-Kenntnis des Systems kann G und T in Form von Transitionstafeln beschrieben werden (vergl. Abschnitt 5.). Man unterscheidet dabei die

a.) Zustandsgleichung

$$X(n+1) = G(X(n),W(n)) \tag{8.2}$$

b.) Ein-/Ausgabegleichung

$$Y(n) = T(X(n),W(n)) \tag{8.3}$$

mit

$$W=(w_1,w_2,\ldots,w_{|w|}),X=(x_1,x_2,\ldots,x_{|x|}),Y=(y_1,y_2,\ldots,y_{|y|})$$

Die Anzahl der Elemente von W, X und Y sind durch $|w|$, $|x|$ und $|y|$ gekennzeichnet und hängen von der Anzahl der Variablen und ihren Quantisierungen ab. W, X und Y stellen also Mengen von diskreten Punkten (Vektoren) dar, die durch die Quantisierung der Eingangs- und Ausgangsvariablen, sowie der inneren Zustände gebildet werden (Bild 8.1).

Wird der Automat als Modell einer Steuerung verwendet, beschreiben die Gleichungen 8.2 und 8.3 den Steueralgorithmus. Lernverhalten kann nun durch eine variable Struktur des Automaten modelliert werden, indem G und T als stochastische Funktionen angenommen werden, die alle möglichen Transitionen zu den nächsten Elementen von X und/oder Y über Wahrscheinlichkeitsfunktionen beschreiben. Die variable Struktur wird beschrieben durch (Fu, 1970b):

$$G: P_{ijk}(n) = P(x(n+1)=x_k, W(n)=w_i, x(n)=x_j) \qquad (8.4)$$

$$\sum_{k=1}^{|x|} P_{ijk} = 1$$

$$T: p_{ijk}(n) = P(y(n)=y_{k,w(n)=w_i}, x(n)=x_j) \qquad (8.5)$$

$$\sum_{k=1}^{|y|} P_{ijk} = 1$$

P_{ijk} : Wahrscheinlichkeitsverteilung

Die Änderung der Wahrscheinlichkeitsverteilung $P_{ij}(n)$ im Sinne einer Verstärkung durch eine Trainingsschritt e(n) ergibt unter Berücksichtigung der vorgegebenen Restriktionen eine kontinuierliche Verbesserung der Systemgüte (performance):

$$P_{ij}(n) = f\Big(P_{ij}(n),\, e(n)\Big) \qquad (8.6)$$

Die benötigte apriori Information für den variablen Automaten besteht in einem Gütekriterium und der Definition der diskreten W, X und Y-Zustände Häufig werden für die inneren Zustände X(n+1) rekursive Beziehungen unter Verwendung der Ausgangsvariablen Y definiert:

$$X(n+1) = \Big(Y(n),\, Y(n-1),\, \cdots,\, Y(n-k+1)\Big) \qquad (8.7)$$

Damit reduzieren sich die Systemgleichungen zu

$$Y(n) = T\Big(Y(n-1),\, \cdots,\, Y(n-k),\, W(n)\Big) \qquad (8.8)$$

d.h die Ein/Ausgabefunktion T wird deterministisch aufgrund der Definition in Gleichung 8.7. Aus Gleichung 8.8 kann nun das System in Tabellenform (Transitionstafeln) abgebildet (gelernt) werden (s.a. Abschnitt 5). Der Eingabe raum legt dabei den Umfang der Transitionstafel fest. w Eingabevariable mit jeweils q diskreten Werten spannen einen Eingaberaum mit q^w Vektoren auf, was bei realen physikalischen Systemen zu einem enormen Speicherbedarf und zu Speicherverwaltungsproblemen führt.

Die Dimension der Transitionstafeln wird also durch die quantisierte Auflösung der Eingabevariablen bestimmt. Bei vielen technischen Prozessen ist die apriori-Bestimmung der Auflösung der Zustandsvariablen, insbesondere der Sensorsignale problematisch. Der Lernprozeß kann anstelle eines hoch aufgelösten Eingaberaums W auch mit einem grob aufgelösten Eingaberaum beginnen und diesen, wenn nötig im nächsten Schritt gezielt verfeinern (s.a. Fuzzy-Automaten). Der Bedarf nach verfeinerter Auflösungen kann in Steuerungen, die auf autonomen stochastischen Automaten beruhen, durch Bestimmung der Konvergenz des, alle problemrelevante Variablen in einem gezielten Trainingsschritt initialisierenden, Verstärkungsalgorithmus befriedigt werden. D.h., wenn für ein Speicherpaar (w_i, y_j) in der Transitionstabelle der Wahrscheinlichkeitsvektor $P_{ij}(n)$ nicht zu einer oder mehreren "guten" Transitionen entsprechend der

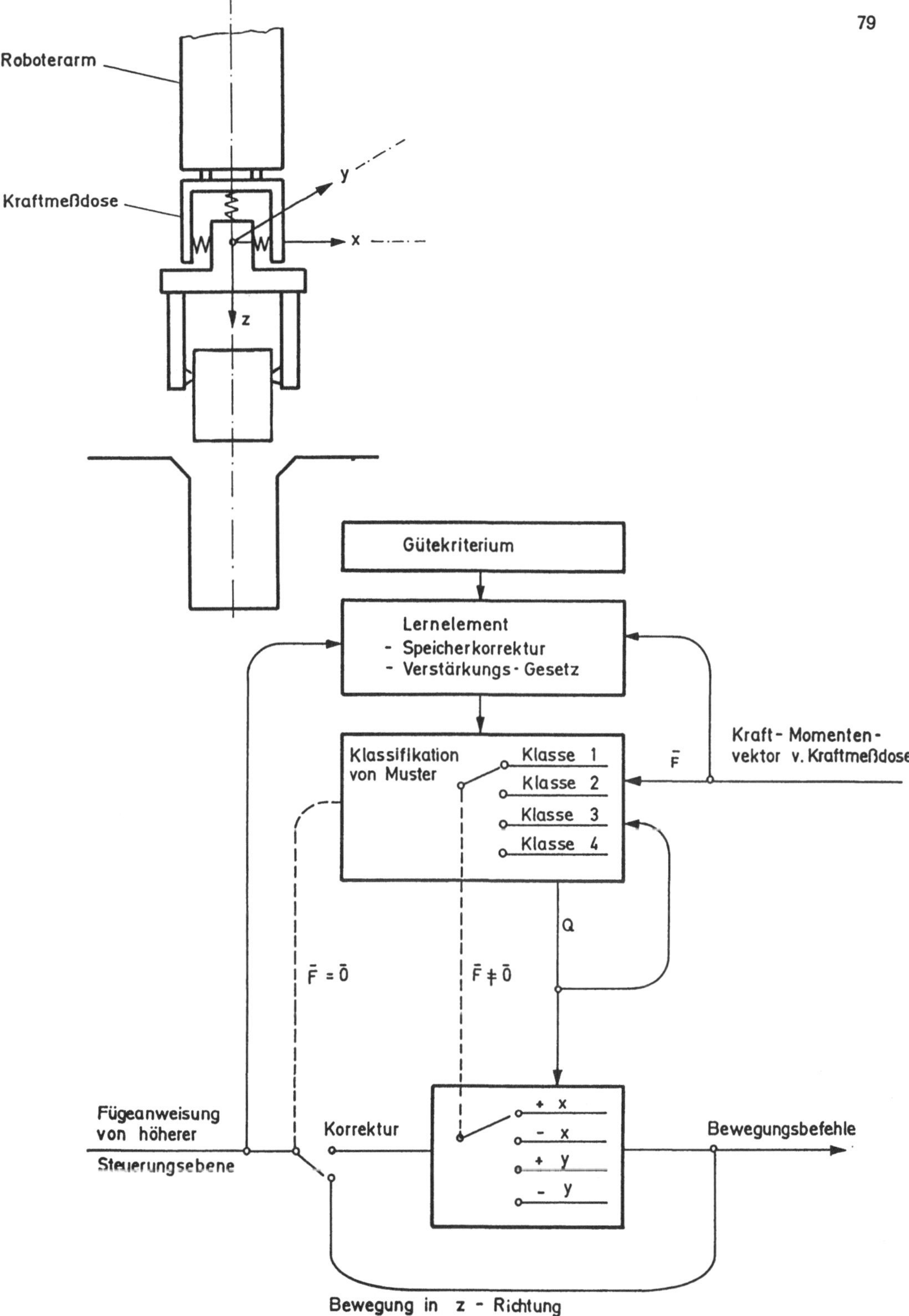

Bild 8.2: Struktur eines lernenden Reglers für aktive Fügevorgänge nach Simons et al., 1982

durch den Benutzer vorgegebenen Gütekriterien führt, müssen die entsprechenden quantisierten Bereiche in W und Y in mehrere verfeinerte Unterbereiche unterteilt werden. Simons et al., 1982, wandte diese Technik am Beispiel eines aktiven Fügevorgangs effizient an. Mit Hilfe einer Kraftmeßdose werden dabei Korrekturbewegungen generiert, um einen zylindrischen Stift in ein Loch zu stecken (Bild 8.2). Entsprechend der gemessenen Kontaktkräfte F sollen Korrekturbewegungen in X- oder Y-Richtung durchgeführt werden, bis der Stift exakt über dem Loch ist, d.h. die Kraft F, bedingt durch Fehlpositionierung, minimal geworden ist. Als Eingangssignale zum Automaten sind neben der Fügeanweisung der Kraftvektor (F_x,F_y), sowie das Gütekriterium, das heuristischer Natur ist, gegeben. Der Automat besteht aus dem Lernprogramm zur Generierung der Transitionstabellen und den Transitionstabellen selbst. Die Ausgangssignale sind Bewegungsbefehle in ± x- und ± y-Richtung (Aktionen). Das Gütekriterium für die Aktionen des Automaten ist:

Wenn $F(n+1)-F(n) < -\Delta F$, dann ist Aktion Y(n) "gut".
Wenn $F(n+1)-F(n) > +\Delta F$, dann ist Aktion Y(n) "schlecht".

ΔF ist ein fester Schwellwert bezüglich der Kraftänderung. Bild 8.3 zeigt die Ergebnisse des Automaten nach 56 Fügevorgängen.

Das Beispiel zeigt, daß stochastische Automaten zur Lösung realer Montageteilprobleme erfolgreich eingesetzt werden können. Die Frage der Lerngeschwindigkeit bleibt problematisch, da zahlreiche Trainingsschritte notwendig sind, bis eine befriedigende Wahrscheinlichkeitsverteilung erreicht ist. Stochastische Automaten sind nur in Anwendungen mit quasi-stationärer (nicht zeitvarianter Umgebung) sinnvoll.

8.2 Der Fuzzy-Automat als Steuerungsmodell

In diesem Abschnitt werden Fuzzy-Automaten vorgestellt, die als Erweiterung des variablen stochastischen Strukturautomaten betrachtet werden können. Die Theorie der Fuzzy-Automaten wird auf Prozesse angewandt, die durch Komplexität, unvollständige Beschreibung sowie durch Zeitvarianz charakterisiert sind. Auf dem Gebiet der Prozesssteuerung, Bildverarbeitung, Robotik und Spracherkennung sind Arbeiten über Fuzzy-Logik bekannt. Im täglichen Leben wird mit "unscharfen" Wahrheiten, Relationen und schlußfolgenden Mechanismen gearbeitet, um Entscheidungen aufgrund unsicherer fuzzy-Informationen herbei zu führen. Zur Modellierung eines Prozeßmodells mit Unsicherheiten in Struktur, Parametern und Prozessverhalten seien einige Merkmale von Fuzzy-Systemen beschrieben.

Fuzzy-Automaten beruhen auf der Theorie der Fuzzy-Mengen, die von Zadeh,1965 erstmals beschrieben wurde. Fuzzy bedeutet im Englischen verschwommen, trüb oder kraus. Die Theorie der Fuzzy-Mengen kann als formale

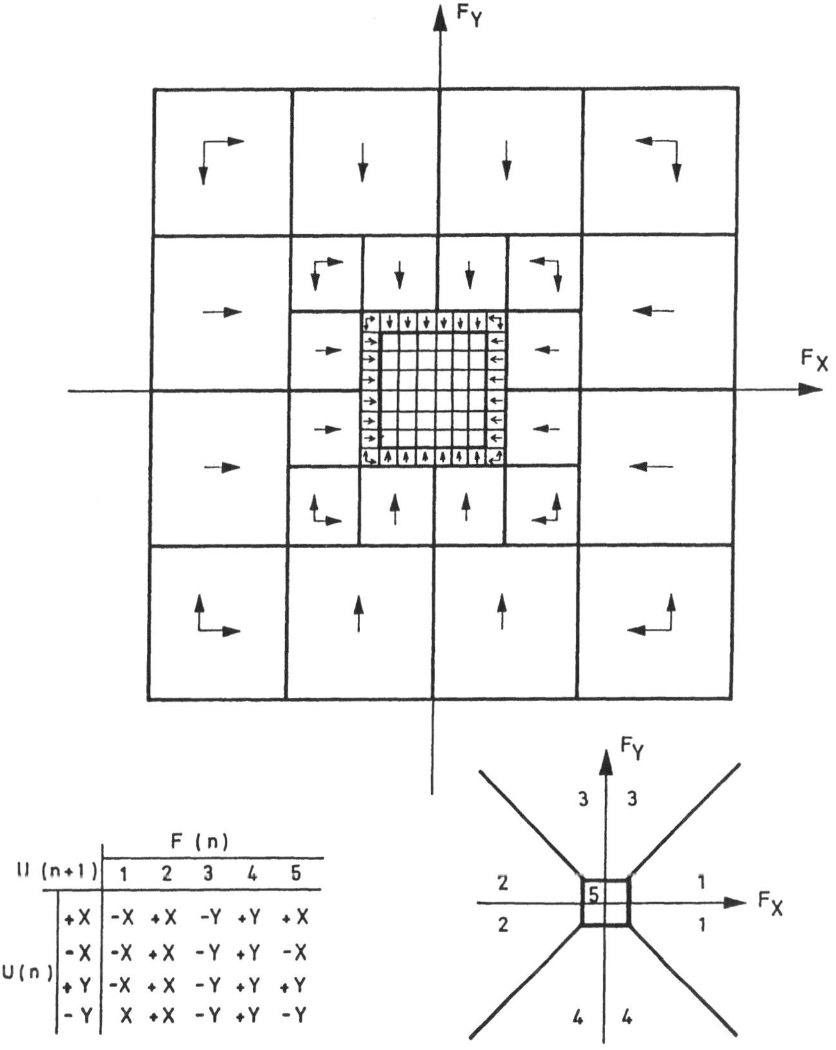

U(n+1)		F(n) 1	2	3	4	5
U(n)	+X	-X	+X	-Y	+Y	+X
	-X	-X	+X	-Y	+Y	-X
	+Y	-X	+X	-Y	+Y	+Y
	-Y	X	+X	-Y	+Y	-Y

Bild 8.3: Ergebnisse des Automaten nach 56 Fügevorgängen
a. Auflösungsbereiche der Transitionstabellen
b. Transitionstabelle nach Abschluß des Lernprozeßes
c. Korrespondierender Kraftzustandsraum. Der Bereich 5 hat die höchste Erfolgsquote (Wahrscheinlichkeit: $0{,}85 < p_{ijk} < 0{,}95$).

Beschreibungsmethode für vage Systemmodelle oder vage Konzepte betrachtet werden. Wie Wahlster,1977 bemerkt, kann natürlich jede Struktur, die durch Fuzzy-Mengen beschrieben werden kann, auch durch zahlreiche andere stochastische Modelle beschrieben werden. Dies erklärt auch die kontroverse Diskussion um den Sinn und Nutzen dieser Theorie (Bieker,1985). Die große Anzahl von Veröffentlichungen und die große Breite der Anwendungen in den unterschiedlichsten Disziplinen zeigen jedoch das starke Interesse an der Theorie der Fuzzy-Mengen, die in ständiger Weiterentwicklung und Veränderung ist.

Der Grundgedanke der Fuzzy-Mengentheorie besteht darin, die Zugehörigkeit eines Elements zu einer Menge (Fuzzy-Menge) graduell anzugeben. Meist wird einem Element, um seine graduelle Zugehörigkeit zu einer bestimmten Fuzzy-Menge auszudrücken, ein Wert aus dem Intervall [0,1] beigefügt. Über einer Basismenge lassen sich so Fuzzy-Mengen und Fuzzy-Teilmengen auszeichnen. Die Gesetze, die in der klassischen Mengentheorie gelten, können weitgehend auf die Fuzzy-Mengen übertragen werden.

Die Fuzzy-Logik ist eine mehrwertige Logik. Zadeh führt in der Fuzzy-Logik den Begriff der Linguistischen Approximation (LA) ein. Auf der LA basierend werden Wahrheitswerte linguistisch definiert. Im Folgenden werden zunächst einige Grundlagen von Fuzzy-Systemen behandelt (Weiß,87).

8.2.1 Fuzzy-Mengen

Ausgehend von klassischen Mengen können Fuzzy-Mengen in einer Art Verallgemeinerung definiert werden. Es seien A und U klassische Mengen und A∈U, dann gibt es eine charakteristische Funktion oder Zugehörigkeitsfunktion

$$\mu_{\underline{A}}: \; U \rightarrow \{0,1\} \tag{8.9}$$

mit

$$\mu_{\underline{A}}(x) = \begin{cases} 1 \text{ falls } x \in A \\ 0 \text{ falls } x \notin A \end{cases}$$

Die Zugehörigkeit eines Elements x zu einer Menge A kann im klassischen Sinn als eine harte Entscheidung betrachtet werden, gibt es doch immer eine der beiden möglichen Entscheidungen: $x \in A$, $x \notin A$. Diese notwendigerweise harte Entscheidung wird in der Fuzzy-Mengentheorie durchbrochen, indem die charakteristische Funktion $\mu_{\underline{A}}$ die Grundmenge U nicht mehr auf die Menge {0,1}, sondern das Intervall [0,1]$\subseteq\mathbf{R}$ abbildet. Die Schreibweise $x \in A$ kann nicht mehr beibehalten werden. Für die Zugehörigkeit eines Elements zu einer Fuzzy-Menge ist die charakteristische Funktion $\mu_{\underline{A}}$ zu betrachten. Zur Unterscheidung von klassischen und Fuzzy-Mengen wird die Fuzzy-Menge unterstrichen (A = klassische Menge, $\underline{A}$ = Fuzzy-Menge).

Def.:
Eine Fuzzy-Menge $\underline{A}$ in U ist ausgezeichnet durch eine charakteristische Funktion oder Zugehörigkeitsfunktion (engl. membership-function) $\mu_{\underline{A}}: U \rightarrow [0,1] \subseteq \mathbf{R}$. Die Funktion $\mu_{\underline{A}}$ fügt jedem Element $x \in U$ einen Wert $\mu_{\underline{A}} \in [0,1] \subseteq \mathbf{R}$ zu, der den "Grad der Zugehörigkeit" von x zu $\underline{A}$ darstellt. Die klassische Menge U wird als Basismenge oder Trägermenge bezeichnet.

Für die Darstellung von Fuzzy-Mengen gibt es folgende Schreibkonvention [Zadeh,1973]:

Eine Fuzzy-Menge $\underline{A}$ mit endlicher Basismenge

$U=\{u_1,u_2,...,u_n\}, n\in N$ wird dargestellt als

$\underline{A}=\{\mu_{\underline{A}}(u_1)/u_1+\mu_{\underline{A}}(u_2)/u_2+...+\mu_{\underline{A}}(u_n)/u_n\}$,

wobei "+" die Vereinigung aller singulären Fuzzy-Mengen $\{\mu_{\underline{A}}(u)/u\}$, $u\in U$ sei.

Eine Fuzzy-Menge $\underline{A}$, die keine endliche Trägermenge U hat, wird dargestellt als

$$\underline{A}=\int_U \mu_{\underline{A}}(u)/u \qquad (8.10)$$

wobei in diesem Falle $\int_U$ die Vereinigung aller singulären Fuzzy-Mengen $\{\mu_{\underline{A}}(u)/u\}$, $u\in U$ sei. Ein Paar $(\mu_{\underline{A}}(u)/u)$ wird als Fuzzy-Singleton bezeichnet. Im folgenden werden einige Eigenschaften der Fuzzy-Mengen vorgestellt. Sie sind weitgehend Übertragungen der entsprechenden Definitionen bei klassischen Mengen.

Def.:
Eine Fuzzy-Menge $\underline{A}$ mit der Basismenge U wird als leer bezeichnet, wenn $\mu_{\underline{A}}\equiv 0$, $\forall u\in U$.

Def.:
Zwei Fuzzy-Mengen $\underline{A}$ und $\underline{B}$ mit Basismenge U werden als gleich bezeichnet, wenn $\mu_{\underline{A}}(u)=\mu_{\underline{B}}(u)$, $\forall u\in U$

Def.:
Sei U die Basismenge von $\underline{A}$ und $\underline{B}$. $\underline{A}$ ist eine Fuzzy-Teilmenge von $\underline{B}$ (kurz $\underline{A}\subset\underline{B}$), wenn $\forall u\in U$: $\mu_{\underline{A}}\leq\mu_{\underline{B}}$.

Def.:
Das Komplement $\bar{\underline{A}}$ einer Fuzzy-Menge $\underline{A}$ mit Basismenge U ist

$$\bar{\underline{A}}=\int_U (1-\mu_{\underline{A}}(u))/u$$

Def.:
Die Kardinalität $|\underline{A}|=\sum_{u\in U}\mu_{\underline{A}}(u)$

Zadeh definiert die Vereinigung und Schnittmenge wie folgt:

Def.:
Es seien $\underline{A}$ und $\underline{B}$ zwei Fuzzy-Mengen mit der Basismenge U, dann ist die Fuzzy-Vereinigung $\underline{A}\cup\underline{B}$ gegeben durch

$$\underline{A}\cup\underline{B}:=\int_U \max(\mu_{\underline{A}}(u),\mu_{\underline{B}}(u)) \qquad (8.11)$$

Die Zugehörigkeit der Fuzzy-Menge $\underset{\sim}{A}\cup\underset{\sim}{B}$ wird also mit der max-Funktion berechnet. $\mu_{\underset{\sim}{A}\cup\underset{\sim}{B}}=\max(\mu_{\underset{\sim}{A}}(u),\mu_{\underset{\sim}{B}}(u)),u\in U$. Die Vereinigung von $\underset{\sim}{A}$ und $\underset{\sim}{B}$ ($\underset{\sim}{A}\cup\underset{\sim}{B}$) ist die kleinste Fuzzy-Menge, die beide Fuzzy-Mengen $\underset{\sim}{A}$ und $\underset{\sim}{B}$ enthält.

Def.:
Es seien $\underset{\sim}{A}$ und $\underset{\sim}{B}$ zwei Fuzzy-Mengen mit der Baismenge U, dann ist die Fuzzy-Schnittmenge $\underset{\sim}{A}\cap\underset{\sim}{B}$ gegeben durch

$$\underset{\sim}{A}\cap\underset{\sim}{B}:=\int_U \min(\mu_{\underset{\sim}{A}}(u),\mu_{\underset{\sim}{B}}(u))$$

Die Zugehörigkeit der Fuzzy-Menge $\underset{\sim}{A}\cap\underset{\sim}{B}$ wird also mit der min-Funktion berechnet. $\mu_{\underset{\sim}{A}\cap\underset{\sim}{B}}=\min(\mu_{\underset{\sim}{A}},\mu_{\underset{\sim}{B}}),u\in U$. Die Schnittmenge von $\underset{\sim}{A}$ und $\underset{\sim}{B}$ ($\underset{\sim}{A}\cap\underset{\sim}{B}$) ist die größte Fuzzy-Menge, die in beiden Mengen $\underset{\sim}{A}$ und $\underset{\sim}{B}$ enthalten ist.

8.2.2 Fuzzy-Logik

Die Fuzzy-Logik ist eine mehrwertige Logik, d.h sie besitzt mehr als zwei Wahrheitswerte. Üblicherweise sind für Fuzzy-Logiken die Wahrheitswerte Elemente aus dem Intervall $[0,1]\subseteq\mathbf{R}$ oder auf diesem Intervall in Form von Fuzzy-Teilmengen definierte Wahrheitswerte. Die von (Zadeh,1975a,1975b) definierte Fuzzy-Logik besitzt als Grundlogik den von Lukasiewicz formulierten Kalkül L_{aleph1}. Dieser Kalkül wird mit Hilfe der Theorie der Fuzzy-Mengen semantisch interpretiert (Wahlster,1977). Die Definition erfolgt ähnlich wie bei der Aussagenlogik, bei der der Boole'sche Verband $(\{wahr,falsch\},\wedge,\vee,\neg)$ als Grundlogik bezeichnet werden kann. Semantisch wird die Aussagenlogik definiert durch die Isomorphie der Grundlogik zum Verband der Potenzmenge einer klassischen Menge U $(\mathbf{P}(U),\cup,\cap,^c)$. Eine Aussage wird dabei als die Menge betrachtet, die genau die Elemente enthält, die diese Aussage wahr machen. Der Kalkül sei dabei wie folgt definiert:

Es sei S eine wohlgeformte Formel, so wird mit $T(S)\in[0,1]$ der Wahrheitswert von S bezeichnet. S wird dabei syntaktisch aufgebaut wie Formeln der Boole'schen Logik. P und Q seien wohlgeformte Formeln. T(S) wird wie folgt berechnet:

$$\begin{array}{ll} (1) & T(\neg P)=1-T(P) \\ (2) & T(P\wedge Q)=\min(T(P),T(Q)) \\ (3) & T(P\vee Q)=\max(T(P),T(Q)) \\ (4) & T(P\Rightarrow Q)=\min(1,1-T(P)+T(Q)) \end{array} \tag{8.12}$$

Die Theorie der Fuzzy-Mengen wird nun assoziiert mit der mehrwertigen Logik L_{aleph1}, indem man die Elementfunktion interpretiert als ein Wahrheitsvert für die Aussage:

"a ist in der Fuzzy-Menge $\underset{\sim}{A}$"

Es seien P und Q die Aussagen:

P: a ist in $\underset{\sim}{A}$
Q: a ist in $\underset{\sim}{B}$

mit $\underset{\sim}{A},\underset{\sim}{B}$ Fuzzy-Mengen mit der Basismenge U, so ergibt sich:

$$T(P)=\mu_{\underset{\sim}{A}}(a) \text{ und } T(Q)=\mu_{\underset{\sim}{B}}(a)$$

Die Operatoren $\wedge,\vee,\neg$ auf dem Intervall [0,1] und $\cap$, $\cup$,$^-$ auf **P**(U) werden dann wie folgt assoziiert (geschrieben "$\leftrightarrow$"):

(1) $\neg P \;\leftrightarrow\;$ a ist in $\bar{\underset{\sim}{A}}$
$T(\neg P) := \mu_{\bar{\underset{\sim}{A}}}(a)=1-\mu_{\underset{\sim}{A}}(a)=1-T(P)$

(2) $P\wedge Q \;\leftrightarrow\;$ a ist in $\underset{\sim}{A}\cap\underset{\sim}{B}$
$T(P\wedge Q) := \mu_{\underset{\sim}{A}\cap\underset{\sim}{B}}(a)=\min(\mu_{\underset{\sim}{A}}(a),\mu_{\underset{\sim}{B}}(a))=\min(T(P),T(Q))$

(3) $P\vee Q \;\leftrightarrow\;$ a ist in $\underset{\sim}{A}\cup\underset{\sim}{B}$
$T(P\vee Q) := \mu_{\underset{\sim}{A}\cup\underset{\sim}{B}}(a)=\max(\mu_{\underset{\sim}{A}}(a),\mu_{\underset{\sim}{B}}(a))=\max(T(P),T(Q))$

Die Implikation von L_{aleph1} wird wie folgt übertragen:

(4) $P\Rightarrow Q \;\leftrightarrow\;$ a ist in $\underset{\sim}{C}$ mit
$\mu_{\underset{\sim}{C}}(a)=\min(1,1-\mu_{\underset{\sim}{A}}(a)+\mu_{\underset{\sim}{B}}(a))\ \forall u\in U$
$T(P\Rightarrow Q) := \mu_{\underset{\sim}{C}}(a)=\min(1,1-T(P)+T(Q))$

8.2.2.1 Fuzzy-Variable und Fuzzy-Restriktion

Es sei die Aussage P: "die Temperatur ist zu hoch" gegeben. Sie hat die Form "X ist $\underset{\sim}{F}$". Zadeh bezeichnet X als Fuzzy-Variable und $\underset{\sim}{F}$ als Fuzzy-Restriktion für X. In der Aussage P wäre dann 'Temperatur' eine Fuzzy-Variable, die in Verbindung mit der Fuzzy-Restriktion 'hoch' steht. 'hoch' selbst ist eine Fuzzy-Menge, die als Basismenge einen Temperaturbereich z.B. {0°...120°C} besitzt.
Die Aussage P stellt für die Temperatur eine Bedingung dar. Es sei z.B. $\mu_{\underset{\sim}{hoch}}(100°) = 0.9$, dann kann man schreiben: Temperatur=100°: 0.9
Dies bedeutet, die Temperatur von 100° ist mit dem Wert 0.9 vereinbar mit der Bedingung P. Eine Fuzzy-Restriktion $\underset{\sim}{F}$ stellt daher eine "dehnbare Bedingung" (engl. elastic constraint) für die Werte der Fuzzy-Variable X dar. Man schreibt $R_x(u)=\underset{\sim}{F}$, $u\in U$ um auszudrücken, daß $\underset{\sim}{F}$ eine Fuzzy-Restriktion für die Werte von X ist, oder auch einfach $R(X)=\underset{\sim}{F}$. Mit $X=u{:}\mu_{\underset{\sim}{F}}(u)$ wird der Fuzzy-Variablen X ein Wert u mit der dazugehörigen Bewertung $\mu_{\underset{\sim}{F}}(u)$ unter der Restriktion $\underset{\sim}{F}$ zugewiesen. In der Aussage "a ist in der Fuzzy-Menge $\underset{\sim}{A}$" ist dann a eine Fuzzy-Variable und die Fuzzy-Menge $\underset{\sim}{A}$ eine Fuzzy-Restriktion $R_{\underset{\sim}{A}}(u)=a$ für a. Es ist $a=u{:}\mu_{\underset{\sim}{A}}(u)$ wobei $\mu_{\underset{\sim}{A}}(u)=T(P)$, die Bedeutung $\mu_{\underset{\sim}{A}}(u)$ unter der Restriktion $\underset{\sim}{A}$ stellt also den Wahrheitswert für die Ausage P dar. Als ein weiteres

Beispiel sei die Aussage Q:"X_2 ist viel größer als X_1" betrachtet. Man kann hier auch schreiben:

$$R((X_1,X_2))=R_{(X_1,X_2)}(u_1,u_2)=\text{viel-größer}=\underset{\sim}{F}$$

Die Fuzzy-Restriktion $\underset{\sim}{F}$=viel-größer muß hier eine zweistellige Fuzzy-Relation sein.
Zum Beispiel:

$$\underline{\text{viel-größer}}=\int_{R\times R}\mu_{\underline{\text{viel-größer}}}(u_1,u_2)/(u_1,u_2)$$

mit

$$\mu_{\underline{\text{viel-größer}}}(u_1,u_2)=\begin{cases}0 & \text{für } u_2\leq u_1\\ \left(1+\left(\frac{u_1+u_2}{10}\right)^{-2}\right)^{-1} & \text{für } u_2>u_1\end{cases}$$

für u_1=2 und u_2=16 ergibt sich für die Fuzzy-Variable $X=(X_1,X_2)$:
$X=(X_1,X_2)=(u_1,u_2):\mu_{\underline{\text{viel-größer}}}(u_1,u_2)=(2,16):0.66$

8.2.2.2 Transformationsregeln für Aussagen in der Fuzzy-Logik

Die Bedeutung einer zusammengesetzten Aussage ist eine Funktion der Bedeutung ihrer Komponenten. Dieses Prinzip ist auch in der Fuzzy-Logik gültig. In ihr ist die Bedeutung gleichzusetzen mit der "Zugehörigkeit" in einer Fuzzy-Menge. Die Auswertung einer zusammengesetzten Aussage ist daher gleichbedeutend mit der Verknüpfung und Transformation von Fuzzy-Mengen. Die im folgenden vorgestellten Transformatinsregeln beschreiben den genaueren Umgang mit Aussagen der Fuzzy-Logik. Die Regel für Modifikatoren und Quantifikatoren führen weitere Ausdrucksmöglichkeiten ein. Die Konjunktion —und($\wedge$)—, die Disjunktion —oder($\vee$)— und die Implikation —wenn...dann($\Rightarrow$)— werden betrachtet.
Es wird zunächst die betrachtete zusammengesetzte Aussage für die Grundform X ist $\underset{\sim}{F}$ einer Fuzzy-Aussage zurückgeführt. Anschließend wird die Aussage in Restriktionsschreibweise dargestellt. Eine Transformationsregel hat also die Form:

zusammengesetzte Aussage p $\Rightarrow$ Aussage p in Grundform
$\Rightarrow$ Aussage p in Restriktionsschreibweise.

Es sei der Fuzzy-Menge $\underset{\sim}{A}$ die Basismenge U zugrundegelegt. Die Basismenge der Fuzzy-Menge $\underset{\sim}{G}$ sei die Menge V.

<u>1. Regel für Modifikatoren</u>

Betrachtet wird die Aussage p: X ist m$\underset{\sim}{F}$. m wird Modifikator genannt. Modifikatoren sind z.B nicht, nicht oder weniger, sehr,... Der Modifikator überführt $\underset{\sim}{F}$ in $\underset{\sim}{F}^*$. Die Transformationsregel für Modifikatoren lautet:

$$p\text{: X ist } m\underline{F} \Rightarrow \text{X ist } \underline{F} \Rightarrow R(X) = m\underline{F} = \underline{F}^*$$

2. Regel für konjunktive und disjunktive Komposition

Betrachtet wird die Aussage p: X ist $\underline{F}$ und Y ist $\underline{G}$
Die Transformationsregel für konjunktive Komposition lautet:

$$p\text{: X ist } \underline{F} \text{ und Y ist } \underline{G} \Rightarrow (X,Y) \text{ ist } \underline{F}'\wedge\underline{G}'$$
$$\Rightarrow R(\ (X,Y)\ ) = \underline{F}'\wedge\underline{G}'$$

Dabei ist $\underline{F}'$ und $\underline{G}'$ jeweils die zylindrische Extension auf V bzw. U.

Betrachtet wird nun die Aussage p: X ist $\underline{F}$ oder Y ist $\underline{G}$. Die Transformationsregel der disjunkten Komposition lautet entsprechend:

$$p\text{: X ist } \underline{F} \text{ oder Y ist } \underline{G} \Rightarrow (X,Y) \text{ ist } \underline{F}'\vee\underline{G}'$$
$$\Rightarrow R(\ (X,Y)\ ) = \underline{F}'\vee\underline{G}'$$

Dabei ist $\underline{F}'$ und $\underline{G}'$ wieder die zylindrische Extension auf V bzw U.
Beispiel: q: "Der Abstand ist groß und die Auflösung schlecht"
Dies könnte in knapper Form eine Aussage über den Zustand eines Sensorsystems, bestehend aus einem Abstandsmesser und einer Kamera, sein. Der Abstandssensor mißt den Abstand der Kamera zum Objekt. Abstand und Auflösung sind Fuzzy-Mengen auf passenden Basismengen U bzw. V.

$$R(\ (\text{Abstand,Auflösung})\ ) = \underline{G}'\cap\underline{S}' =$$
$$= \int_{U\times V} \min(\mu_{\underline{G}'}(u), \mu_{\underline{S}'z}(v))/(u,v) = \underline{B}$$

Das Paar (Abstand,Auflösung) kann z.B. als eine Bewertung des Zustands betrachtet werden. Mit der Aussage q wird dann diese Bewertung in Form der Fuzzy-Menge $\underline{B}$ geliefert.

Betrachtet wird nun die Aussage p: X ist $\underline{F}$ oder Y ist $\underline{G}$. Die Transformationsregel der disjunkten Komposition lautet entsprechend:

$$p\text{: X ist } \underline{F} \text{ oder Y ist } \underline{G} \Rightarrow (X,Y) \text{ ist } \underline{F}'\vee\underline{G}' \Rightarrow R(\ (X,Y)\ ) = \underline{F}'\vee\underline{G}'$$

Dabei ist $\underline{F}'$ und $\underline{G}'$ wieder die zylindrische Extension auf V bzw U.

3. Regeln für die bedingte Komposition (engl. conditional composition)

Betrachtet wird die Aussage p: Wenn X ist $\underline{F}$ dann Y ist $\underline{G}$ Für diese Aussage gibt es unterschiedliche Transformationsregeln. Tatsächlich könnte man wohl beliebig viele solcher Regeln konstruieren. Sie müssen letztlich "nur" ein plausibles Ergebnis für die Implikation liefern.

a. Maximum Regel für bedingte Komposition

$$p\text{: Wenn X ist } \underline{F} \text{ dann Y ist } \underline{G}$$

$$\begin{aligned} &\rightarrow (X,Y) \text{ ist } \underline{F}'\uplus\underline{G}' \\ &\rightarrow R_a(\ (X,Y)\ ) = \underline{F}'\uplus\underline{G}' \qquad (8.13) \\ &= \int_{U\times V} \min(1, 1-\mu_{\underline{F}}(u) = \mu_{\underline{G}}(v))/(u,v) \end{aligned}$$

für die Aussage

p': Wenn X ist $\underline{F}$ dann Y ist $\underline{G}$ sonst Y ist $\underline{H}$

lautet die Regel

p': Wenn X ist $\underline{F}$ dann Y ist $\underline{G}$ und wenn X ist $\underline{F}$ dann Y ist $\underline{H} \rightarrow R_a((X,Y)) \uplus \underline{F}'/\uplus\underline{G}' \wedge \underline{F}' \uplus \underline{H}'$

b. Maximum Regel für bedingte Komposition

p: Wenn X ist $\underline{F}$ dann Y ist $\underline{G}$

$\rightarrow$ (X,Y) ist $(\underline{F}' \cap \underline{G}') \cup (\underline{F}')$

$$R_m((X,Y)) = (\underline{F}' \cap \underline{G}') \cup (\underline{F}')$$

$$= \int_{U \times V} \max(\min(\mu_{\underline{F}}(u), \mu_{\underline{G}}(v)), 1-\mu_{\underline{F}}(u))/(u,v) \tag{8.14}$$

c. Das kartesische Produkt als bedingte Komposition

p: Wenn X ist $\underline{F}$ dann Y ist $\underline{G}$

$\rightarrow$ (X,Y) ist $\underline{F}' \times \underline{G}'$

$\rightarrow R_k((X,Y))$

$= \underline{F} \times \underline{G} (= \underline{F}' \cap \underline{G}')$

$$= \int_{U \times V} \min(\mu_{\underline{F}}(u), \mu_{\underline{G}}(v))/(u,v) \tag{8.15}$$

8.2.3 Linguistische Variable

Unter dem Begriff der Linguistischen Variable verbirgt sich ein Konzept, das ebenfalls von Zadeh entwickelt wurde. Eine linguistische Variable ist eine Variable, deren Bedeutung in Form von Fuzzy-Mengen definiert ist. Das Konzept der linguistischen Variablen kann als eine Anwendung der Fuzzy-Mengen-Theorie gesehen werden und wird zur weiteren Definition der Fuzzy-Logik benötigt.

Es sei hier ein Beispiel gegeben: Es sei die Basismenge U=**N**. <u>Größe</u> sei eine linguistische Variable, die Werte aus **P**(u) annehmen kann. Fuzzy-Mengen aus **P**(u) seien bezeichnet mit Begriffen wie: {groß,sehr-groß,klein,mittel,...}=D(Größe) deren Elementfunktion $\mu_{\text{groß}}(u)$, $\mu_{\text{sehr-groß}}(u)$,...:U→[0,1] ihre Bedeutung definieren. D(Größe)kann als der Definitionsbereich der linguistischen Variablen Größe bezeichnet werden. Dieser Bereich kann auch mit Hilfe einer kontextfreien Grammatik und Modifikatoren (engl. modifier) als Term-Menge konstruiert werden.

Beispiel: TM(Größe)={klein,nicht klein,sehr klein,nicht sehr klein,...}

Die Modifikatoren sehr und nicht verändern die Elementfunktion einer Fuzzy-Menge $\underline{A}$ wie folgt:

$\mu_{\text{nicht}\underline{A}} = 1 - \mu_{\underline{A}}$ entspricht Komplement von $\underline{A}$

$\mu_{\text{sehr}\underline{A}} = (\mu_{\underline{A}})^2$

Zadeh definiert eine Linguistische Variable formal als Quintupel, was hier aber nicht weiter betrachtet werden soll.

8.2.3.1 Linguistische Wahrheitswerte und Linguistische Approximation

In der Aussagenlogik gibt es die Wahrheitswerte {wahr,falsch}. In der Fuzzy-Logik können ebenfalls Wahrheitswerte angegeben werden. Zadeh wendet hierzu das Konzept der linguistischen Variablen an und bezeichnet Wahrheit als eine Term-Menge mit der Form

TM(Wahrheit) = { wahr, falsch, nicht wahr, sehr wahr, nicht sehr wahr, nicht sehr falsch, ...}.

Für die Konstuktion dieser Term-Mengen kann eine kontextfreie Grammatik angegeben werden. Die Modifikatoren werden wie schon gezeigt definiert. Die linguistischen Wahrheitswerte τ werden definiert als Fuzzy-Mengen mit μ_τ:V→[0,1] und V = [0,1].

$$\tau = \int_{[0,1]} \mu_\tau(v)/v \quad v \in V=[0,1]$$

Der linguistische Wahrheitswert wahr kann definiert werden mit der eingeführten s-Funktion.

$$\mu_{wahr}(v) = s(v;0.5,0.75,1)$$

$$wahr = \int_{[0,1]} s(v;0.5,0.75,1)/v$$

Dem linguistischen Wahrheitswert falsch kann die Elementfunktion $\mu_{falsch}(v) = 1-\mu_{wahr}(v)$ zugeordnet werden. Die übrigen linguistischen Wahrheitswerte von TM(Wahrheit) erhalten ihre Definition durch die grammatikalische Konstruktion und der damit verbundenen Modifikation. Insbesondere ergibt sich bei der angegebenen Definition $\mu_{falsch}(v) = 1-\mu_{wahr}(v) = \mu_{nichtwahr}(v)$. Die hier angegebene Form der linguistischen Wahrheitswerte ist nicht notwendig. Ihre Definition kann auch auf Grund von anderen Grammatiken, Modifikatoren und Elementfunktionen geschehen.

Die weitere Frage ist nun: Wie wird einer Aussage in der Fuzzy-Logik ein linguistischer Wahrheitswert zugeordnet ?

Hierzu muß zunächst das Extensionsprinzip definiert werden.

Def.:Extensionsprinzip
Es sei f eine Abbildung f:U→V, v = f(u), u∈U, v∈V
$\underline{G}$ sei eine Fuzzy-Menge mit Basismenge U

$$\underline{G} = \int_U \mu_{\underline{G}}/u$$

Die Anwendung von f auf $\underline{G}$ wird Prinzip der Extension genannt. Es ist

$$\underline{J} = f(\underline{G}) = \int_V \mu_{\underline{G}}/f(u)$$

$\underline{J}$ ist eine Fuzzy-Menge mit der Basismenge V.

Es sei nun eine Aussage p: X ist $\underline{F}$ gegeben und dazu eine Referenzmenge r: X ist $\underline{G}$ mit U = Basismenge für $\underline{F}$ und $\underline{G}$. Man kann nun den linguistischen Wahrheitswert τ interpretieren als ein Grad für die Übereinstimmung von p mit der Fuzzy-Referenzaussage r. τ wird berechnet mit Hilfe des Extensionsprinzips:

$$\tau = \mu_{\underline{F}}(\underline{G})$$

Die Elementfunktion $\mu_{\underline{F}}$ wird als Abbildung f benutzt; V=[0,1]. Es ergibt sich

$$\tau = \mu_{\underline{G}} = \int_{[0,1]} \mu_{\underline{G}}/\mu_{\underline{F}} \qquad (8.16)$$

τ ist sozusagen eine Bewertung der Bewertung $\mu_{\underline{F}}(u)$ der Fuzzy-Menge $\underline{F}$ bezüglich einer Referenzmenge $\underline{G}$. Die Fuzzy-Menge τ hat als Basismenge V=[0,1] mit $v=\mu_{\underline{F}}(u)$ und $\mu_\tau(v)=\mu_{\underline{G}}(u)$ mit $u \in U$. Es ergibt sich

$$\tau = \int_{[0,1]} \mu_\tau(v)/v \quad v \in V=[0,1] \qquad (8.17)$$

Damit hat τ genau eine Form einer Fuzzy-Menge, wie sie den linguistischen Wahrheitswert τ^+ aus TM(Wahrheit) zugrunde liegen. Die linguistische Approximation für Wahrheitswerte liefert nun den letzten Schritt. Die mit Hilfe des Extensionsprinzips und der Referenzaussage r gefundene Fuzzy-Menge τ muß nun noch einem Element τ^+ aus TM(Wahrheit) zugeordnet werden.

Def.:

linguistische Approximation für Wahrheitswerte.

Jede Fuzzy-Menge $\underline{F}$ mit der Basismenge V = [0,1] wird als Element $\tau^+ \in$TM(Wahrheit) zugeordnet. Solch eine Zuordnung heißt linguistische Approximation, wenn für kein $\mu_{\tau^+} \equiv \mu_{\underline{F}}$ gilt.

$$\tau^+ = \mathrm{LA}[\underline{F}] \qquad \mathrm{LA}: \mathrm{TM(Wahrheit)} \rightarrow \underline{P}(V)$$

Leider gibt es keine allgemeine Technik, um eine "gute" linguistische Approximation zu einer gegebenen Fuzzy-Menge mit Basismenge V zu finden. Diese Zuordnung ist problemabhängig und eher willkürlich, was eine Theorie schwierig handhabbar macht. Es sei bemerkt, daß natürlich auch linguistische Approximation zwischen Fuzzy-Mengen durchgeführt werden können, denen nicht die Basismenge V=[0,1] zugrunde liegt. Mit Hilfe der linguistischen Approximation kann nun der Fuzzy-Menge τ ein Wahrheitswert $\tau^+ \in$TM(Wahrheit) wie folgt zugeordnet werden: $\tau^+ = \mathrm{LA}[\tau]$.

Wegen diesem notwendigerweise willkürlich und nicht genau spezifizierbaren Vorgehen wird die Fuzzy-Logik stark kritisiert.

8.2.4 Inferenzregeln in der Fuzzy-Logik und approximistisches Schließen

Von zentraler Bedeutung in der Fuzzy-Logik ist die zusammengesetzte Schlußregel (compositional rule of inference, CRI).

CRI hat die Form: p: X ist $\underset{\sim}{A}$

q: X und Y sind $\underset{\sim}{R}$ (8.18)

----

r: Y ist $\underset{\sim}{A} \circ \underset{\sim}{R}$

Bem.: "und" ist hier nicht als logische Operation zu sehen, sondern stellt hier nur dar, daß X und Y in einer Relation stehen.

"o" ist die Zusammensetzung von Fuzzy-Restriktionen. Dabei wird die Restriktion $\underset{\sim}{A}$=R(X) als eine einstellige Fuzzy-Relation betrachtet, die Restriktion $\underset{\sim}{R}$=R((X,Y)) ist eine einstellige Fuzzy-Relation.

Zur Erklärung der Begriffe Restriktion und Relation:

Der Begriff Restriktion kommt aus der Fuzzy-Mengentheorie. Der Begriff gehört in die Fuzzy-Logik und bezieht sich auf eine Aussage. Eine Restriktion einer Fuzzy-Variablen bezogen auf eine Aussage ist jedoch eine Fuzzy-Menge, die auch als n-stellige Fuzzy-Relation bezeichnet werden kann. Betrachtet wird nun die Aussage q: X und Y sind $\underset{\sim}{R}$. Sie soll ausdrücken, daß die Fuzzy-Variablen X,Y in der Relation $\underset{\sim}{R}$ stehen. Man kann q auch schreiben:

q:(X,Y) ist $\underset{\sim}{R}$ →R((X,Y))=R (8.19)

nach der Transformation für die bedingte Komposition kann für q insbesondere die Aussage

q: Wenn X ist $\underset{\sim}{a}$ dann Y ist $\underset{\sim}{B}$

stehen. Sie kann genau in die gewünschte Form überführt werden und stellt eine Beziehung zwischen X und Y dar. Man erhält so die implikative Schlußregel (fuzzy conditional rule, FCI). FCI hat die Form:

p: X ist $\underset{\sim}{A}^*$

q: Wenn X ist $\underset{\sim}{A}$ dann Y ist $\underset{\sim}{B}$ (8.20)

----

r: Y ist $\underset{\sim}{B}^*$

Die Schlußregel FCI wird auch als verallgemeinerter Modus Ponens bezeichnet, da im allgemeinen $\underset{\sim}{A}^* \neq \underset{\sim}{A}$ und $\underset{\sim}{B}^* \neq \underset{\sim}{B}$. $\underset{\sim}{A}^*$ und $\underset{\sim}{A}$ bzw. $\underset{\sim}{B}^*$ und $\underset{\sim}{B}$ liegen jedoch die gleichen Basismengen zugrunde. In diesem Unterschied liegt der Aspekt des approximativen Schließens verborgen.

Auswertung von FCI:

Von Interesse ist die Restriktion R(Y)=$\underset{\sim}{B}^*$ der Aussage r.

Wie ergibt sie sich aus den Aussagen p,q? Aus den vorangegangenen Ausführungen ergibt sich, daß hierbei die zusammengesetzte Schlußregel CRI und die Regel für die bedingte Komposition zum Tragen kommen. Danach kann FCI geschrieben werden als:

$$\begin{array}{l} p\text{: X ist } \underset{\sim}{A}^* \\ q\text{: (X,Y) ist } \underset{\sim}{A}\times\underset{\sim}{B} \\ \text{-----------------------} \\ r\text{: Y ist } \underset{\sim}{A}^* o(\underset{\sim}{A}\times\underset{\sim}{B}) \\ \rightarrow R(\ Y=\underset{\sim}{A}^* o(\underset{\sim}{A}\times\underset{\sim}{B})=\underset{\sim}{B}^*\ ) \end{array}$$

Dabei wurde in q für die bedingte Komposition das kartesische Produkt verwendet.

Mit approximativem Schließen wird in der Fuzzy-Theorie der gesamte Umgang mit Fuzzy-Mengen und Fuzzy-Aussagen bezeichnet, der dazu dient, neue Information zu gewinnen. Vier Aspekte seien hier unterschieden:

Aspekt 1
Fuzzy-Mengen an sich stellen Information nur näherungsweise dar. Diese Darstellung hat zudem einen stark subjektiven Charakter. Allerdings ist diese Darstellungsform für die gesamte Theorie grundlegend

Aspekt 2
Die linguistische Approximation, also die Entscheidung in wie weit zwei Fuzzy-mengen übereinstimmen, ist auf keine befriedigende exakte Methode zurückzuführen. Sie enthält somit den Charakter einer subjektiven und problemabhängigen Näherung.

Aspekt 3
Die Inferenzregeln der Fuzzy-Logik sind zwar auf deterministische Verfahren zurückzuführen, die Art und Weise Information mit diesen Regeln zu verarbeiten, kann jedoch trotzdem als Näherung angesehen werden. Der Grund dafür liegt in der nutzung der Operatoren max und min, die als die grundlegenden Operatoren der gesamten Theorie gesehen werden können. Ihr Charakter kann als generell und wenig differenzierend bezeichnet werden.

Aspekt 4
Die Auswahl der einzusetzenden Regeln für ein gesamtes Regelsystem und die damit verbundene Repräsentation der Information hat ebenfalls einen approximativen Charakter, wird man doch diejenigen Regeln auswählen, für die das Grundsystem am ehesten das gewünschte Verhalten zeigt. Zudem gibt es keine allgemeinen Auswahlverfahren.

8.2.5 Der variable Struktur Fuzzy-Automat

Die ersten Vorschläge für einen Fuzzy-Automaten als lernendes Steuerungsmodell stammen von Fu und Wee,1969. Er wird auf ein optimal zu steuerndes System angewandt, dessen Charakteristika unbekannt sind. Die Lernfähigkeit dieses Automaten beruht auf einer systematischen Modifizierung seiner Struktur- oder Parameterwerte während der Durchführung der Steuerungsaufgabe, wobei

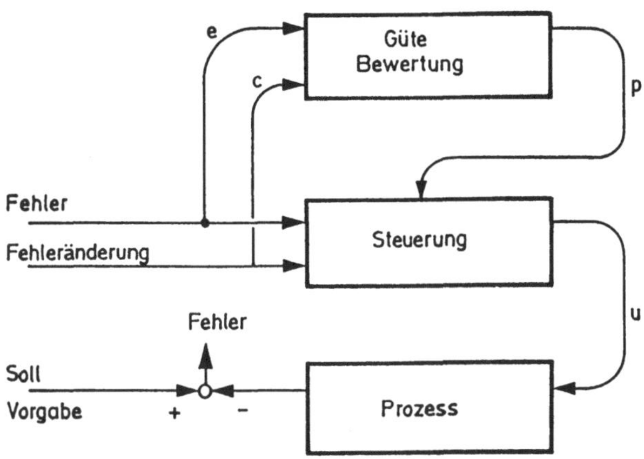

Bild 8.4: Der Lernvorgang eines Fuzzy-Automaten

mit zunehmender Zeit verbesserte Steuerungseigenschaften erreicht werden. In Bild 8.4 ist das Grundmodell eines Fuzzy-Automaten dargestellt, der ein unbekanntes System mit unbekannter Umgebung optimal zu steuern hat. Dabei ist eine Steuerungsgröße u gesucht, die den Güteindex des Systems zum Minimum macht (maximale Performance). Das Verfahren wird solange wiederholt, bis u und der Güteindex konvergieren. Das Element zur Bewertung des Güteindex hat die Rolle eines "Lehrers" und steuert den Lernvorgang. Der eigentliche Lernvorgang ist auf eine Kombination von Lernprozeduren und Entscheidungsstrategien gestützt. Sequentielle Entscheidungsmethoden, variable stochastische Strukturautomaten oder deren Erweiterung als Fuzzy-Automat sind Ansätze zur Modellierung solcher Lernstrategien. Das Grundmodell des Fuzzy-Automaten wird durch ein Sixtupel definiert:

$$M = [U, X, Y, F, G, \mu_x] \tag{8.21}$$

mit

$U = \{u\}$	:	Endliche Menge von Fuzzy-Eingangsgrößen
$X = \{x\}$	:	Endliche Menge von Zuständen x des Automaten
$Y = \{y\}$	:	Endliche Menge von Eingangsgrößen
F	:	Zustands-Transitionsfunktion
G	:	Ausgangsfunktion
μ_x	:	Fuzzy-Zugehörigkeitsfunktion, die mit den Zuständen des Automaten korrespondiert

Eine Zugehörigkeits-Transitionsmatrix $M^k(n)$ kann für jede Fuzzy-Eingabe u^k ermittelt werden, die der Aktualisierung der Fuzzy-Zugehörigkeitsfunktion dient.

Der Fuzzy-Automat nach Fu und Wee ist ein Moore-Typ Automat der Transitionen höherer Ordnung ausführen kann. Er dient der Berechnung des Systemzustands und der Übergangswahrscheinlichkeiten. Der Lernvorgang ist erkennbar in der Entwicklung der Zustands- und Übergangswahrscheinlichkeiten. Andere variable Struktur Fuzzy-Automaten sehen nicht Fuzzy-Eingangsgrößen vor, führen Zustandstransitionen aus, wobei die Zustände auf der Basis von Zugehörigkeitsfunktionen für jeden Zustand ausgewählt werden. Er wird durch folgendes Sixtupel beschrieben:

$$M = [X, U, Y, \{F(x)\}, \mu_x, H] \tag{8.22}$$

mit

$X = \{x_1, x_2, \ldots, x_n\}$	:	Endliche Menge von Automatenzuständen
$U = \{u_1, u_2, \ldots, u_n\}$	:	Endliche Menge von Eingabezuständen
$Y = \{y_1, y_2, \ldots, y_n\}$	:	Endliche Menge von Ausgabezuständen
$F(x)$	:	nxn fundamentale Fuzzy-Transitionsmatrix
μ_x	:	Zugehörigkeitsfunktion zur Bestimmung des Optimalitätsgrades zu einem Zustand ($0 \leq \mu_x \leq 1$)
H	:	nxn Auswahlmatrix

8.2.5.1 Der Fuzzy-Automat als Steuerungskoordinator in hierarchischen Robotersteuerungsstrukturen

Der Automat nach Gleichung 8.21 kann als lernender Automat innerhalb hierarchisch gegliederter Robotersteuerungen angewandt werden. Bild 8.5 zeigt eine Steuerung mit 4 hierarchisch gegliederten Steuerungsebenen. Auf der obersten Ebene ist ein Planungs- und Organisationselement, das elementare Roboterbewegungssequenzen aufgrund sprachlicher Beschreibungen mittels linguistischer Variablen (vgl. Abschnitt 8.2.3) generiert. Die Beschreibungen der Elementarbewegungen sind wiederum Elemente von Fuzzy-Mengen, die auf der nächst tieferen Ebene durch einen Fuzzy-Automaten, der die Bewegungen koordiniert, weiter verarbeitet werden. Die Ebene 3 repräsentiert Reglerstrukturen, die Teilprozesse auf der untersten Ebene (Ebene 4) aktivieren.

Die Bewegung des Roboterarms kann in p Teilprozesse (ein Prozess/Freiheitsgrad) unterteilt werden. Sie wird beschrieben durch folgenden Satz von Differentialgleichungen:

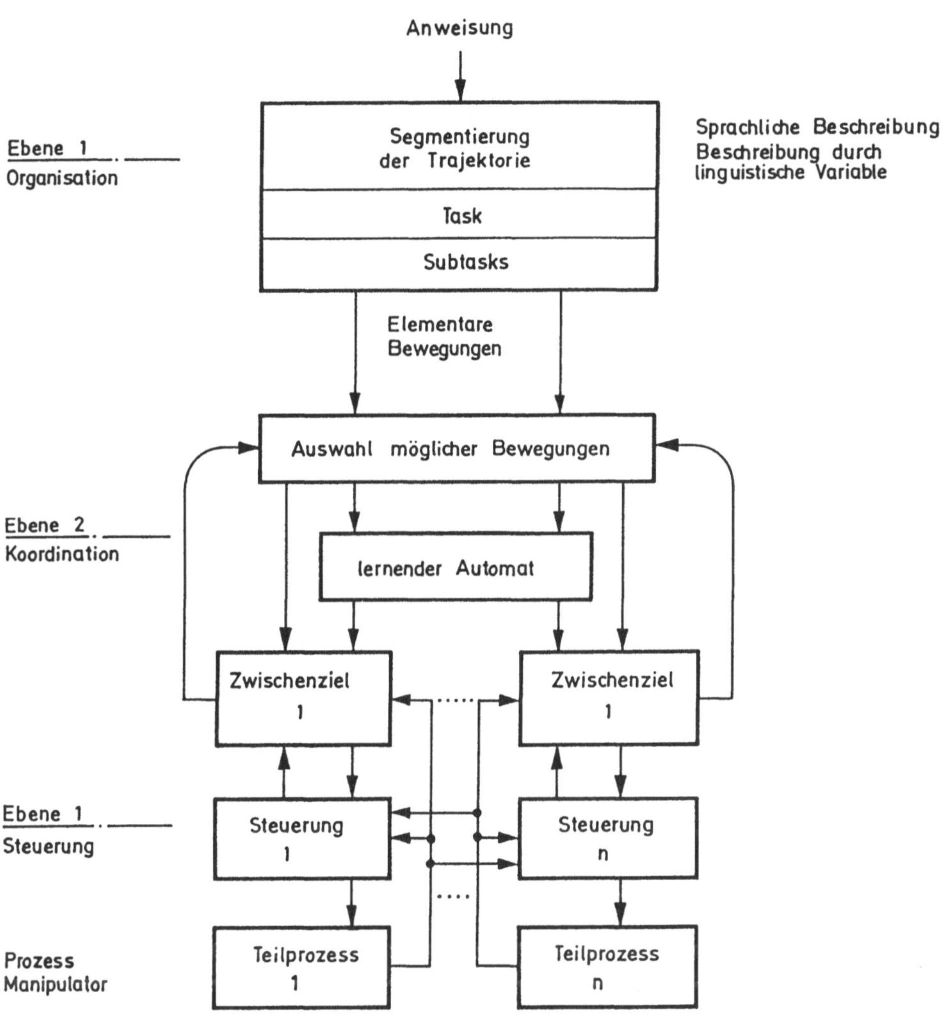

Bild 8.5: Hierarchisch gegliederte intelligente Robotersteuerungsarchitektur

$$\dot{x}_i = A_i x_i + B_i(x_i) u_i + f_i(x_i, \dot{x}_i, w_i)$$
$$y_i = c_i x_i + v_i$$
$$\text{mit } i=1,2,..,p$$

x_i ist ein n-dimensionaler Zustandsvektor, $x_i^T=[x_1,x_2,...,x_n]$, y_i ist ein m-dimensionaler Ausgabevektor, u_i ist der m_i-dimensionale Steuerungsvektor des i-ten Teilprozess. A_i,$B_i(x_i)$ und C_i sind Matrizen mit entsprechenden Dimensionen, w_i und v_i sind Rauschvektoren und f_i repräsentiert Gravitationseinflüße, Zentrifugal- und Corriolisterme und ist nichtlinear. Ein Güteindex für die exakte mechanische Funktion des Gesamtsystems kann definiert werden mit

$$J = \sum_{i=1}^{p} \mu_i J_i(\alpha_i) \tag{8.23}$$

wobei $J_i(\alpha_i)$, $i=1,...,p$, geeignete Gütekriterien sind, α_i sind einstellbare Koeffizienten (relativ zu der Geschwindigkeit der Teilprozess), die μ_i sind ebenfalls einstellbare Koeffizienten ($\mu_i=0,1$, $i=1,2,...,p$). Über sie werden entsprechende Primitivbewegungen auf unterster Prozesseebene eingeblendet, damit eine günstigere Gesamtbewegung realisiert werden kann. $J_i(\alpha_i)$ ist der Güteindex für jeden Teilprozess.

Pro Teilsystem kann eine Regelungsstruktur definiert werden mit

$$u_i(y) = k_i\Phi(y_i)+c_i\Psi(y) \tag{8.24}$$

wobei die k_i und c_i Koeffizienten sind, die über Performance adaptive Algorithmen gefunden werden. Die Ebene dieses Systems ist mit dem Fuzzy-Automat auf Ebene 2 verbunden über die variablen Geschwindigkeitskoeffizienten α_i, den Einblendkoeffizienten μ_i und den gewünschten Endzuständen $x_i^d(T)$.

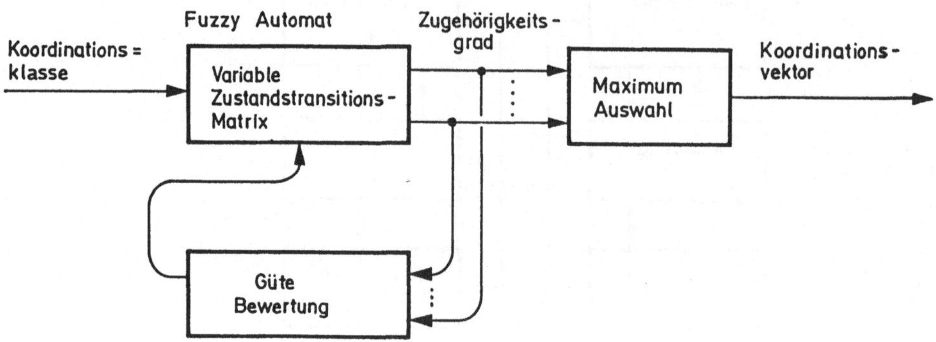

Bild 8.6: Struktur des Lernalgorithmus zur Koordination von Roboterbewegungen.

Der Fuzzy-Automat auf Ebene 2 wird nun benutzt, um die p Teilbewegungen der Teilprozesse des Roboters zu koordinieren, damit eine glatte Gesamtbewegung das Arms von einem Anfangszustand $x_0(t_0)$ zu einem definierten Endzustand $x^d(t_e)$ erzielt werden kann. Solch eine Koordination ist erforderlich, um eine richtige Anzahl von Primitivbewegungen und ihre jeweiligen Geschwindigkeiten zu kombinieren, damit eine korrekte Gesamtbewegung als Antwort zu einer Fuzzy-Anweisung von Ebene 1 , die keine Bewegungsdetails oder Koordinationsparameter enthält, erzeugt werden kann. Der Fuzzy-Automat hat dabei folgende Form:

$$M = [C, X, X, F, H, \mu_x]$$

C={c} ist die Menge aller Fuzzy-Anweisungen, die von höheren Ebenen kommen (z.B: "ein bischen nach rechts, vorwarts, nehme, stelle, reiche etc."). X={x} ist die Menge der Automatenzustände sowie der Ausgangsgrößen des Automaten und stellen die Performance Kriterien für jeden der Teilprozesse dar, die die gewünschte Roboterbewegung generieren soll. Der Fuzzy-Automat in seiner Funktion als Koordinator von Bewegungen eines Roboters ist in Bild 8.6 dargestellt.

9 Lernen durch Analogien

Lernen durch Analogien ist eine Lernstrategie, die besonders geeignet ist, Erfahrungen und Wissen aus der Vergangenheit für die Gegenwart zu nutzen. Der Grundgedanke auf dem diese Lernstrategie basiert, ist der der zielgerichteten Transformation relevanten historischen Wissens aus einer Gedächtnisstruktur, vgl. Abschnitt 2. Hierzu verkörpern die Probleme aus der Vergangenheit samt den zugehörigen Lösungswegen das historische Wissen. Welche Teile davon relevant sind, muß in einem ersten Schritt, dem Erinnerungsprozeß, erkannt werden.

Der sich anschließende Transformationsprozeß muß nun das signifikante Know-How dahin modifizieren, daß eine Lösung des aktuellen Problems erzielt werden kann. Zentrale Bedeutung hat das Auffinden von Gemeinsamkeiten vergangener mit aktuellen Situationen sowie die Anwendung und Modifikation bekannter Lösungswege. Im Gegensatz zu STRIPS (Fikes und Nilsson, 1971) und NOAH (Sacerdoti, 1977), wo jedes Problem innerhalb des vorgegebenen Problemraums von neuem gelöst wird, ermöglicht Lernen durch Analogien die Möglichkeit, Lösungspläne (Sequenzen) zu generieren, die bereits in der Vergangenheit gefundene Lösungspläne (Episoden) referenzieren bzw. modifizieren (Carbonell, 1984). Ausgangspunkt der Lernstrategie ist ein definierter Problemraum, der die notwendige Grundinformation zur Problemlösung, wie z.B. Anfangszustände, Endzustände, Restriktionen, ein Satz von anwendbaren Operatoren enthält. Zum Zweiten wird eine zielorientierte Zustandsanalyse (engl. means-end analysis, MEA, Newell und Simon, 1972) vorausgesetzt, die in der Lage ist, eine Reihe von Operatoren auszuwählen, die bekannte Abstände zwischen aktuellen Situationen und Zielsituationen nachweislich reduzieren. Im Terminus von Prozeßsteuerungen wird auch von zielorientierten Steuerstrategien gesprochen.

9.1 Repräsentation des Problemraums

Als Basis für das Modell wird der Problemraum als eine Menge definierter Objekte betrachtet. Im Problemraum sind die Objekte die Probleme selbst und ihre Lösungen. Ein Problem wird durch seine Teilkomponenten

- Anfangszustand
- Zielzustand und
- Randbedingungen (Restriktionen)

repäsentiert. Die Lösung des Problems überführt dabei den Anfangszustand in den Endzustand, ohne die Randbedingungen zu verletzen. Die Lösung selbst besteht aus einer Reihe von Operatoren, die Zustände im Problemraum in andere überführen. Da ein Operator nicht in jeder Situation anwendbar ist, wird er in eine Anwendungsbedingung und eine Aktion aufgegliedert.
Fikes, Hart und Nilsson, 1972a und 1972b untersuchten mit STRIPS diese Problemrepräsentation am Beispiel eines mobilen Roboters. STRIPS baut auf einem Anfangszustandsmodell, einem Satz von Operatoren und einer Zielzustandsbeschreibung auf. Die Aufgabe von STRIPS besteht darin, eine Sequenz von Operatoren zu finden, die das Ausgangsmodell oder den -Zustand nachweislich in den Zielzustand überführen. Die gefundene Lösung für das spezifische Problem wird danach verallgemeinert und in einer sogenannten Dreieckstafel (triangle table), die die Operatoren repräsentieren abgespeichert. Der verallgemeinerte Plan kann dann als eine Makro Operation (MACROP) in zukünftigen Planungsproblemen angewandt werden.
Bei einem mobilen Roboter könnte ein Operator so lauten: "Wenn Werkzeug in Magazin gefunden, dann greife Werkzeug und fahre zu Werkzeugmaschine und führe Werkzeugwechsel aus."
Ein entsprechendes Problem wäre hierzu der Werkzeugwechsel bei einer Werkzeugmaschine, die dazugehörende Randbedingung die Kollisionsfreiheit sowie das zu lösende Transportproblem.
Der Zugriff auf zuvor gelöste Probleme (Erinnerungsprozess) zur Unterstützung aktueller Problemlösungen kann über Ähnlichkeiten in den Anfangs-, Zwischen- und Endzuständen sowie den Restriktionen der gelösten und aktuellen Probleme gefunden werden.

9.2 Der Erinnerungs- und Transformationsprozess

Der Erinnerungsprozess hat die Aufgabe, relevantes Wissen aus der Gedächtnisstruktur des Lernsystems zu extrahieren, um es dann so zu transformieren, daß es die Anforderungen des aktuellen Problems erfüllt. Dazu werden Differenzfunktionen zum Vergleich

- des Anfangszustands des aktuell zu lösenden Problems und der Anfangszustände von bereits gelösten Problemen,
- des Endzustands des aktuell zu lösenden Problems und der Endzustände von bereits gelösten Problemen,
- der Randbedingungen unter denen das aktuelle Problem gelöst werden muß und derjenigen Randbedingung, die bei bereits gelösten Problemen berücksichtigt werden mußten,

benötigt. Ein weiteres Auswahlkriterium ist durch die Anzahl der Operatoranwendungsbedingungen, die in der aktuellen Problemsituation erfüllt sind, gegeben. Die oben genannten Differenzfunktionen müssen für jeden Problembereich eigens definiert werden als eine Ähnlichkeitsmetrik zur Auffindung ähnlicher Lösungen.
Differenzfunktionen können für die Planung beispielsweise von

- Grobbewegung bei Robotern
- Feinbewegungen
- Greifvorgängen bei Objektgruppen
- Fügevorgängen bei der Montage

definiert werden. Der zweite Schritt bei der Problemlösung durch Analogie besteht in der Transformation der gefundenen Lösungssequenz in eine Sequenz, die die Kriterien des neuen Problems erfüllt, so daß dieses Wissen zur Lösung des Problems verwendet werden kann.
Der Transformationsprozess hat also die Aufgabe, aus dem relevanten Wissen eine Lösung des aktuellen Problems zu generieren. Damit wird das ursprüngliche Problem auf die Aufgabe verlagert, eine geeignete Transformationssequenz zu finden. Zur Lösung dieser Aufgabe lassen sich Klassen von Transformationsoperatoren, Differenzmaße (Gewichtungen) und Differenztabellen (Matrizen) definieren.

9.3 Grundklassen von Transformationsoperatoren

Der Transformationsoperator ist der ausführende Teil im Transformationsprozess. Der Operator, kurz T-Operator genannt, bildet im Transformationsraum eine ganze Lösungssequenz auf eine andere potentielle Lösungssequenz ab. Es existiert eine Reihe von Grundoperatoren, die problemunabhängig auf Objekte dieses Raums angewandt werden können.
Der analoge Transformationsraum ist wie folgt definiert:

- Die Objekte im Transformationsraum sind potentielle Lösungen für die Probleme im Originalproblemraum (Abschnitt 9.1)
- Anfangszustände im Transformationsraum sind durch den Erinnerungsprozess gefundene ähnliche Problemlösungen
- Zielzustände im Transformationsraum sind Modifikationen der Problemlösungen durch die T-Operatoren, so daß damit ein neues Problem unter Berücksichtigung der Restriktionen gelöst ist

Ein T-Operator in dem Transformationsraum bildet eine gesamte Lösungssequenz auf eine andere potentielle Lösungssequenz ab. Folgende Operatoren sind in diesem Transformationsraum definiert (Carbonell, 1984):

1.Einfügeoperator:Fügt einen neuen Operator (aus dem ursprünglichen Problemraum) in die neue Sequenz ein

2.Löscheoperator:Löscht einen Operator aus der Lösungssequenz
3.Verbindeoperator:Verbindet Operatorsequenz mit Lösungssequenz
4.Austauschoperator:Ersetzt einen Operator durch einen anderen, der die vorliegende Differenz minimiert
5.Endesegmentoperator:Lösungssequenz ist Anfang der Lösungssequenz des aktuellen Problems; Versucht mit Standardlösungsstrategie eine Operatorenfolge zu finden, die Endzustand der Lösungssequenz in Endzustand der Lösungssequenz des aktuellen Problems überführt. Er verknüpft anschließend beide Lösungssequenzen.
6.Anfangssegmentoperator:Lösungssequenz ist Ende der Lösungssequenz des aktuellen Problems; löst Restproblem mit Standardlösungsstrategie und verknüpft beide Operatorfolgen zur Lösung des aktuellen Problems.
7.Mischoperator:Mischt die Operatorsequenzen zweier sich ergänzender Lösungswege.
8.Umordnungsoperator:Ändert die Reihenfolge der Operatoren in der Lösungssequenz.
9.Parameteroperator:Ersetzt Objekte, auf die Operatoren angewandt werden, durch neue Objekte.
10.Reduktionsoperator:Eliminiert nicht notwendige Operatoren.
11.Inversionsoperator:Invertiert die Reihenfolge der Operatoren und die Operatoren selbst.

9.4 Differenzmaß zur Bewertung von Analogien

Um festzustellen, ob der Transformationsprozess beendet werden kann, ist eine Bewertungsfunktion erforderlich. Diese Funktion, das Differenzmaß, dient auch zur gezielten Steuerung des Transformationsprozesses.
Das Differenzmaß D_T setzt sich aus vier Anteilen zusammen (4-dim. Vektor):

1. Differenzmaß, das die Differenz zwischen den Anfangswerten des erinnerten $S_{A,1}$ und aktuellen Problems $S_{A,2}$ bewertet, $D_T(S_{A,1}, S_{A,2})$
2. Differenzmaß, das die Differenz zwischen Endzustand des erinnerten $S_{E,1}$ und aktuellen Problems $S_{E,2}$ bewertet, $D_F(S_{E,1}, S_{E,2})$
3. Die Differenz zwischen den in dem erinnerten und aktuellen Problem zu erfüllenden Randbedingungen $D_R(R_1, R_2)$
4. Bewertung der Anwendbarkeit der erinnerten Lösungssequenz auf das aktuelle Problem $D_A(A_1, A_2)$

$$D_T = \{ D_F(S_{A,1}, S_{A,2}), D_F(S_{E,1}, S_{E,2}), D_R(R_1, R_2), D_A(A_1, A_2) \} \tag{9.1}$$

D_T wird reduziert, wenn jede seiner vier Komponenten unabhängig voneinander reduziert wird. Der Suchprozess im T-Raum ist abgeschlossen, wenn

$$D_T = \{ \min_A, \min_E, \min_R, \min_A \} \tag{9.2}$$

ist.

Eine Transformation, die die Verringerung einer Komponente des Differenzmaßes bewirkt, kann durchaus zur Erhöhung eines anderen Anteils führen. Daher muß bei den Transformationsschritten eine Minimierung einer Linearkombination der Komponenten angestrebt werden. Neben einer Bewertungsfunktion ist bei jedem Prozess auch eine Steuerungsfunktion integraler Bestandteil. Im Falle des Transformationsprozesses wird durch eine Entscheidungstabelle determiniert, welcher Transformationsoperator angewendet werden soll. Im Allgemeinen kann eine Differenz durch mehrere Operatoren minimiert werden. In diesem Fall entscheidet dann die Ordnung in der Tabelle über den zu verwendenden Operator.

Sind die Differenzmaße für die Anwendbarkeit einer erinnerten Lösung auf eine neue Lösung zu groß $D_A(A_1, A_2) > \epsilon$, kann möglicherweise die Substitution von Zwischenzielen zu brauchbaren Lösungen führen.

Für Roboteranwendungen könnte Lernen durch Analogie durch die Vorgabe eines Beispiels, bestehend aus einer Operatorkette mit definierten Anfangs- und Endzuständen sowie den Restriktionen, seinen Anfang nehmen. Durch Defini-

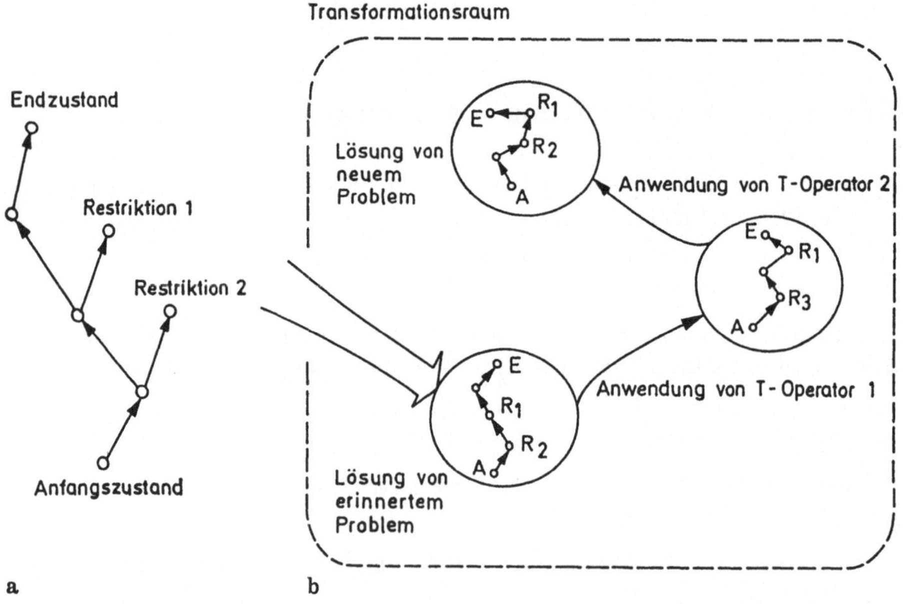

Bild 9.1: Transformation einer erinnerten Lösung im Transformationsraum auf eine neue Problemlösungssequenz (Carbonell, 1983)
a. Erinnerte Lösungssequenz (Anfangszustand)
b. Transformationskette von erinnerter Lösung zu neuer Problemlösung

tion von einer Menge von zuläßigen "Roboteroperatoren" und T-Operatoren könnte dann der T-Raum mit Zuständen, die analoge Lösungen repräsentieren, sukzessive aufgespannt (gelernt) werden.

9.5 Lernen von verallgemeinerten Plänen

Der analoge Transformationsprozess ist eine Methode, die zurückliegende Erfahrungen in einer Gedächtnisstruktur durch einen Erinnerungsprozeß flexibel nutzen kann. Das aktuelle Problem muß strukturell ähnlich sein zu bereits gelösten Problemen. Als Basis eines solchen Prozesses muß also eine Beispiellösung in geeigneter Weise abgespeichert werden, auf der über Analogiebetrachtungen neue Lösungen gefunden werden können. Das Problem besteht darin, aus der speziellen Beispiellösung eine allgemeine Lösung für eine ganze Problemgruppe zu machen.
Nach dem einfachen Schema eines lernenden Systems in Bild 3.1 sieht der Ablauf wie folgt aus:
Wird eine neue Lösungssequenz durch Vorgabe eines Beispiels oder durch einen analogen Problemlöser gefunden, wird sie durch das Ausführungselement (z.B. ein Roboter) ausgeführt und in ihrer Wirkung auf die Umwelt bewertet. Führt die Lösung zu dem gewünschten Ziel (Endzustand unter Erfüllung der Restriktionen) wird die gefundene Lösung ein Mitglied der positiven Lösungsexemplare in Verbindung mit der vorherigen analogen Lösung über die die aktuelle Lösung gefunden wurde.
Führt die analoge Lösung nicht zum Erfolg, wird der Grund des Versagens abgespeichert und die Lösung Mitglied der negativen Lösungsexemplare (Bild 9.2). $P_1|R_1 \rightarrow P_2|R_2$ bedeutet, daß der analoge Transformationsprozeß den Plan P_1 anwendbar unter den Bedingungen R_1 auf den Plan P_2 anwendbar unter den Bedingungen R_2 abbildet. $P_2|R_2 \rightarrow +$ (oder -) bedeutet, daß der Plan P_2 unter der Bedingung R_2 von dem Ausführungselement als positiv (bzw. negativ) bewertet wurde. In dem Beispiel in Bild 9.2 sind $P_1|R_1$, $P_2|R_2$ und $P_3|R_3$ positive Lösungen, die zum Ziel führen, während $P_4|R_4$ und $P_5|R_5$ negative Beispiele sind. Die gefundenen Lösungen können dann im Beispielraum abgespeichert werden und für weitere Lösungen unter Verwendung von Induktionsverfahren in einen verallgemeinerten Plan $P_G|R_G$ umgesetzt werden. Die analogen Lösungen können dabei wie positive Beispiele behandelt werden. Können keine Lösungen durch den analogen Problemlöser gefunden werden oder werden alle Lösungen durch das Ausführungselement negativ bewertet, besteht die Möglichkeit die Ähnlichkeitskriterien zu verändern bzw. anzupassen, d.h. die Ähnlichkeitsmetrik kann durch Parametervariation geändert werden. Der Erinnerungsprozeß zur Organisation und Suche nach Erfahrungen von bereits gelösten Problemen sowie der analoge Transformationsprozeß erfordert eine geeignete Speicherstruktur. Die gespeicherten Lösungen können durch die Ähnlichkeitsmetrik,

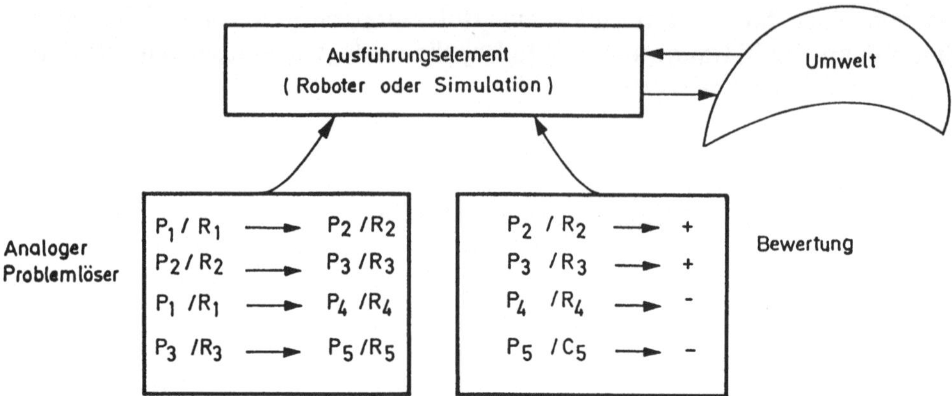

Bild 9.2: Bewertung analoger Lösungssequenzen durch das Ausführungselement

d.h. Ähnlichkeiten im Anfangs- und Endzustand, Ähnlichkeit in der Problemstellung selbst und in den Randbedingungen charakterisiert werden.
Mit der Erweiterung der Erfahrungswerte bezüglich der Lösungen muß eine hierarchische indizierte Struktur eines Episoden Speichers dynamisch aufgebaut und erweitert werden. Mit einer effizienten Speicherstruktur wird der Prozeß der Erweiterung und Strukturierung von Erfahrungen aus gelösten Problemen relativ einfach. Er ist eine wesentliche Vorraussetzung für Lernsysteme, die über analoge Problemlösungen Wissen erfassen. Sind allgemeine Problemlösungen für eine Problemgruppe gefunden, sollten diese im Speicher präsentiert werden und die speziellen Aufzeichnungen von Lösungssequenzen vergessen werden (Schank,1979).

Das obige Modell nutzt einen Großteil der Informationen, die es während seines Ablaufs generiert, nicht aus. Deshalb sollten im ursprünglichen Problemraum folgende Erweiterungen vorgenommen werden:

- Lernen allgemeiner Lösungswege aus verschiedenen erlebten Lösungen basierend auf der Stategie "Lernen durch Beispiele"
- Lernen allgemeinerer Operatoren
- Lernen geeigneterer Differenzfunktionen

Zusätzliche Fähigkeiten, die für den Transformationsraum relevant sind und dort zu integrieren wären, könnten sein:

- Lernen einer Heuristik zur Kombination der Komponenten des Differenzmaßes
- Verfeinerung der Differenztabelle durch Erfahrung
- Lernen neuer Transformationsoperatoren aus erfolglosen Transformationsprozessen

Die diskutierte Lernstruktur durch Analogie kann in der Robotik entweder unter Verwendung von Simulationstechniken (virtuelle Roboter) oder durch Verwendung eines realen Roboters als Ausführungselement realisiert werden. Besondere Sorgfalt muß der Generierung der Grenzen von ähnlichen Problembereichen gewidmet werden. Die Grenzen können beispielsweise durch Parametervariation bestimmt werden, da die Gültigkeit von Lösungen für physikalische Prozesse nicht durch stetige sondern oft durch unstetige Übergänge eingegrenzt werden. Ein wichtiger Schritt über den Einsatz von Ähnlichkeitswissen hinaus ist der Einsatz von "deep reasoning"-Verfahren, bei dem alternative Hypothesen bei der heuristischen T-Operator-Suche durch nachgeschaltete Modellrechnung (Simulation) weiter eingegrenzt werden kann. Auf diesem Gebiet liegen derzeit noch sehr wenige Ergebnisse vor. Die Hauptproblematik betrifft hierbei die Realisierung geeigneter Modelle, die sich entsprechend den Hypothesen des heuristischen Treibers konfigurieren lassen und schnell ablaufen können, um innerhalb vorgegebener Zeit möglichst viele Testläufe durchführen zu können.

10 Lernen durch Erfahrung

In diesem Abschnitt werden Lernstrategien behandelt, die die Generierung und Verfeinerung von Problemlöserheuristiken unter Verwendung von Erfahrungswissen zu unterstützen. Ausgangspunkt seien roboterspezifische Problembereiche wie z.B. das Greifen von Objekten, sowie Sätze bereits vorliegender Heuristiken, die die Probleme lösen. Danach werden die Suchschritte zur Lösung des vorgegebenen Problems analysiert und die Heuristiken erweitert bzw. verfeinert. Daraufhin wird das vorgegebene Problem innerhalb des Problembereichs modifiziert und von neuem die Heuristiken angewandt. Durch Fortführung dieses Verfahrens kann der gesamte Problembereich untersucht werden und die bereichsspezifischen Heuristiken verfeinert werden, um den Problemlösungsprozeß zu verbessern. Diese Lernmethode wurde bei LEX (Mitchell, Utgoff, Nudel und Banjeri, 1981) angewandt, das symbolische Integrationsprobleme über Heuristiken löst. Dabei werden die Heuristiken während des Suchprozesses auf ihre Effizienz hin bewertet und als geeignet, weniger geeignet oder ungeeignet klassifiziert. Für Roboteranwendungen kann der oben genannte Zyklus noch durch Simulationsverfahren unterstützt werden.

10.1 Modell einer Lernstruktur durch Erfahrung

Heuristische Problemlöser werden bei ihrer Erweiterung um neue Heuristiken oder Operatoren gewöhnlich in ihrem Gesamtverhalten beeinflußt (Waterman, 1970). Heurismen stehen also nicht isoliert im Raum, sondern sind in die gesamte heuristische Struktur des Problemlösers eingebettet und werden problem- und situationsabhängig abgerufen. Die heuristische Struktur kann man sich dabei vorstellen bestehend aus einem Analysator für die Eigenschaften von Problemen und Aufgaben aus einem Speicher für Lösungsmethoden (Heurismen) und aus einem Bewertungssystem, welches Erfolg bzw. Mißerfolg der Anwendung von Lösungsverfahren feststellt (Dörner, 1979). Bild 10.1 zeigt eine mögliche Organisation einer heuristischen Struktur. Im Falle von unvollständigen Heuristiken, d.h., wenn die Mißerfolge überwiegen, kann eine unterlagerte Lernstruktur dazu beitragen, den Heurismus zu verbessern. Es ist sogar denk-

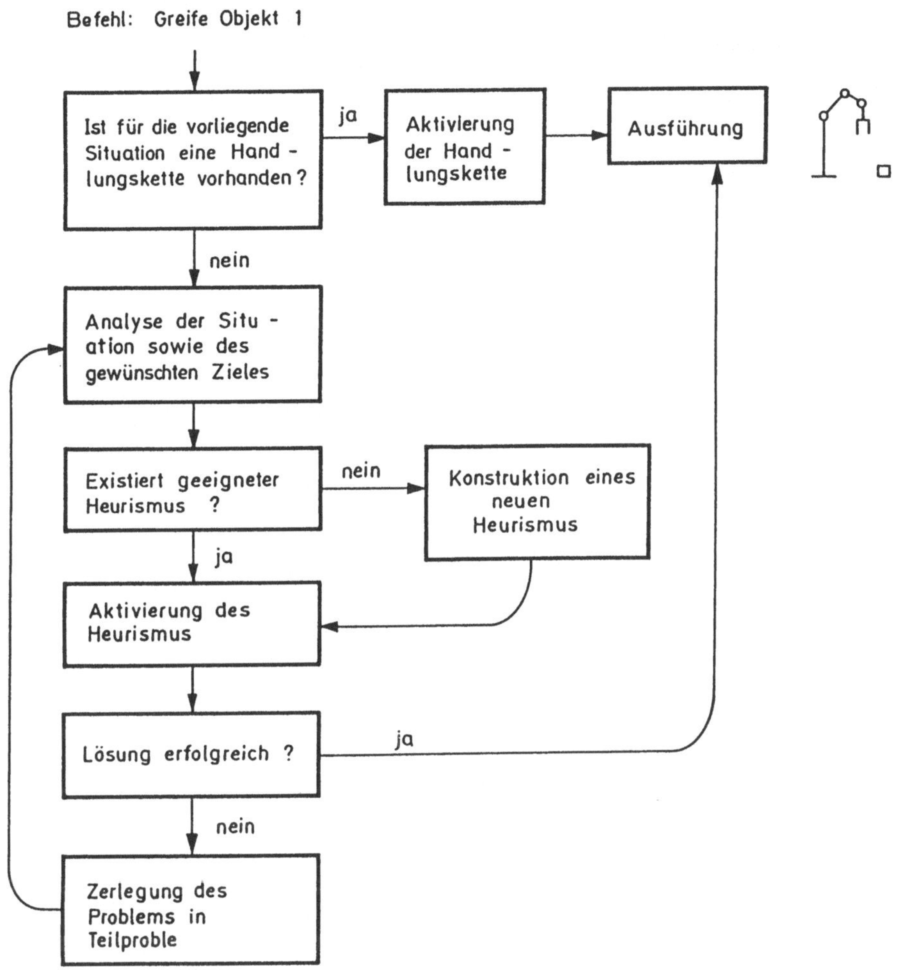

Bild 10.1: Mögliche Organisation einer heuristischen Struktur zur Lösung von Greifproblemen

bar, daß sich ein solches System selbst neue Problembeispiele setzt um daraus Heuristiken für zukünftige Problemlösungen zu generieren. Vorgegeben sei dazu eine Menge von Operatoren zur Lösung von Problemen und eine Kritikerfunktion die das Lernziel eingibt. Sowohl die Operatoren, als auch die Kritikerfunktion sind Problembereichs-spezifisch. Ein Operator im Bereich der Robotik ist zum Beispiel "Greifen", eine Kritikerfunktion könnte dabei das Ziel verfolgen, die Anzahl der Fehlgriffe zu minimieren. Ein Lernsystem das hierzu geeignete Heuristiken generiert, hat modellhaft die folgenden Komponenten (siehe Bild 10.2):

1. Der Problemgenerator:
   Erzeugt ein zu bearbeitendes Problem

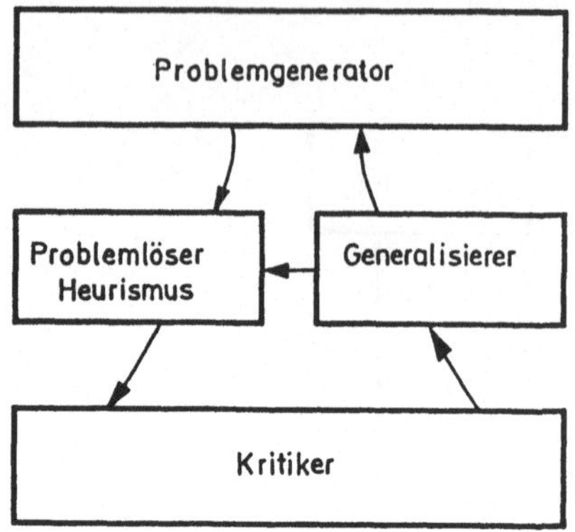

Bild 10.2: Struktur eines selbstlernenden Modells zur Erweiterung von Heuristiken

2. Der Problemlöser:
   Versucht das Problem unter Verwendung vorhandener Heuristiken zu lösen
3. Der Kritiker:
   Die gewählten Lösungsschritte werden bewertet
4. Der Generalisierer:
   Erzeugt dann neue oder verfeinert vorhandene Heuristiken

Die gesuchten Heuristiken bestehen dabei aus einer Anwendungsbedingung und einem Operator. Die Semantik läßt sich wie folgt beschreiben: Wenn der aktuelle System- oder Problemzustand und die Anwendungsbedingung P unifizierbar sind, dann wende Operator Q an. Ziel des Lernprozesses ist es neue Heuristiken zu lernen. Während des Lernvorgangs besteht das Wissen des Lernenden aus vollständig und unvollständig gelernten Heuristiken. Die unvollständig gelernten Heuristiken werden durch ihren Versionsraum beschrieben. Der Versionsraum enthält alle Alternativen, die für die Heuristik existieren. Ausreichend zu seiner Definition ist jedoch die Aufgabe der allgemeinsten und der speziellsten Alternative. Bei vollständig gelernten Heuristiken ist die Dimension des Versionsraum eins.

10.2 Beschreibung der Komponenten des Lernmodells

10.2.1 Der Problemgenerator

Die Aufgabe des Problemgenerators im Lernsystem besteht darin, Probleme vorzugeben, die dazu geeignet sind, eine Steigerung des Wissens des Lernenden, hier des Heurismus, zu bewirken. Dabei muß der Problemlöser in der Lage sein, das Problem oder den Problembereich zu bearbeiten. Grundsätzlich können hierzu drei Strategien verfolgt werden. Eine Möglichkeit besteht darin, Probleme zu generieren, die eine Verfeinerung existierender Heuristiken ermöglichen. Er orientiert sich dazu an den Anwendungsbedingungen der Alternativen im Versionsraum. Zunächst greift der Problemlöser zwei beliebige Alternativen aus dem Versionsraum heraus. Nun macht er sich in den Anwendungsbedingungen der Alternativen auf die Suche nach einander entsprechenden Termen. Anschließend erzeugt der Problemlöser einen Term, der nur mit einem der beiden Terme unifizierbar ist. Der zu lösende Problemzustand setzt sich dann aus den restlichen Termen einer der beiden ausgewählten Anwendungsbedingungen und dem generierten Term zusammen.

Die zweite Strategie hat eine Aufstellung neuer Heuristiken zum Ziel. Sie sucht Operatoren, die in vorhandenen Heuristiken nicht vorkommen, und versucht dann Situationen zu generieren, die Spezialfälle ihrer Anwendungsbedingungen sind. Die beiden bisher vorgestellten Strategien berücksichtigen in keiner Weise den Aspekt der Lösbarkeit des gestellten Problems.

Die dritte Problemlösungsstrategie begegnet diesem Aspekt dadurch, daß sie ein Problem aus der inversen Anwendung von Operatoren auf einen Zielzustand gewinnt. Somit ist automatisch die Lösbarkeit des Problems gesichert.

10.2.2 Der Problemlöser

Der Problemlöser benutzt alle vorhandenen Operatoren und Heuristiken zur Lösung eines Problems. Ist er erfolgreich, so übergibt er den Suchbaum, den er bei der Lösung generiert hat, an den Kritiker. Die benötigten Rechenmittel, wie CPU-Zeit oder Speicherplatz können dabei beschränkt werden. Löst der Problemlöser innerhalb der ihm gegebenen Rechenmittel (Ressourcen) das Problem nicht, wird der Vorgang abgebrochen und der Lösungsvorgang analysiert. Der Algorithmus, der dem Problemlöser dabei zugrundeliegt, hat dann folgende Form:

solange Problem nicht gelöst ist und die Rechenmittel (Ressourcen) nicht erschöpft sind,

wenn keine Heuristiken auf einen Knoten (unbearbeiteten Knoten) im Suchbaum anwendbar sind,

dann suche den unbearbeiteten Knoten im Suchbaum, dessen Generierung am wenigsten CPU-Zeit in Anspruch genommen hat und expandiere ihn durch einen neuen Operator (irgendeinen?).

sonst

wenn genau eine Heuristik auf genau einen unbearbeiteten Knoten anwendbar ist,

dann führe den empfohlenen Schritt aus.

sonst folge der anwendbaren Heuristik bei der das Verhältnis von der Zahl der mit dem Knoten unifizierbaren Elemente des Versionsraums zur Gesamtzahl der Elemente des Versionsraums am größten ist.

Die Fähigkeit des Problemlösers partiell gelernte Heuristiken zur Lösungssuche anzuwenden, ist wichtig um Probleme zu lösen die zusätzliche Trainingsdaten (Erfahrungen) liefern. Eine partiell gelernte Heuristik wird auf einen ausgesuchten Knoten angewandt, der sich mit dem Faktor 1 überdeckt. Selbst wenn die exakte Identität der Heuristik noch nicht endgültig festgelegt ist, ist es die Anwendbarkeit auf diesen ausgesuchten Knoten. Im Falle von alternativen Heuristiken beziehen sich alle auf den fraglichen Knoten.

10.2.3 Der Kritiker

Dieses Modul analysiert den von dem Problemlöser generierten Suchbaum. Dabei wird im Detail der Ablauf des Suchvorgangs betrachtet und jeder Suchschritt positiv oder negativ bewertet. Diese Bewertung bezieht sich auf jede Anwendung eines Operators in einem Problemzustand samt der dazugehörigen Bindung der Operatorparameter. Der Kritiker markiert als positiven Schritt jede Suchoperation entlang des Lösungspfads, die zu Operatoren mit geringstem Rechenaufwand führt. Negative Schritte sind alle Suchoperationen, die entweder zu keiner Lösung oder zu rechenintensiven Operatoren führen. Der Kritiker ist diejenige Instanz im Lernverfahren, die die Richtung des Lernvorgangs steuert. Der Kritiker ist daher allgemein Problemspezifisch. Es sind aber auch allgemein anwendbare Kritiker denkbar, die beispielsweise alle Schritte, die vom kürzesten und rechengünstigsten Lösungsweg wegführen, negativ bewertet.

10.2.4 Der Generalisierer

Ziel dieses Moduls ist es, eine Klasse von Problemen zu finden, für die ein spezieller Operator samt der Parameterbindung besonders geeignet ist. Prinzipiell versucht der Generalisierer zuerst eine Heuristik zu verfeinern. Gibt es keine zu dem Trainingsbeispiel passende Heuristik, so generiert er eine neue Heuristik. Der Versionenraum wird dabei einerseits durch den Spezialfall der Trainingsdaten und andererseits durch den allgemeinsten Fall, die Operatoranwendungsbedingung, aufgespannt.

Besteht die Möglichkeit, den Problemzustand und den Operator mit einer vorhandenen Heuristik in Einklang zu bringen, so wird deren Versionsraum eingeschränkt (verkleinert). Es wird also eine vorhandene Heuristik verfeinert. Ein negatives Trainingsbeispiel führt hierbei zu einer Spezialisierung der allgemeinsten Alternative, ein positives Beispiel zur Verallgemeinerung der speziellsten Alternative. Lösungssequenzen setzen sich aus einer Folge von Operatoren zusammen. Zu dieser Lösungssequenz kann über den Generalisierer eine allgemeine Vorbedingung gefunden werden, über die die Operatorfolge direkt bestimmt werden kann. Hierbei werden ausgehend vom Zielzustand bis zum Anfangszustand die Vorbedingungen der Operatoren zusammengefaßt.

10.3 Lernen durch Erfahrung zur Berichtigung falscher Theorien

Bei der Erstellung eines Aktionsplans werden Theorien angewandt, die aus Vorbedingungen, Aktionen und Nachbedingungen bestehen. Diese Theorien müssen innerhalb eines Lernprozesses im Laufe ihrer Anwendung (Erfahrung) korrigiert werden, bis der Planer korrekte Aktionsfolgen erzeugt. Der Lernprozess besteht dabei in der effektiven Berichtigung der fehlerhaften Theorien. Die Aussage, die hinter einer Theorie steckt, ist die folgende: Wenn die Vorbedingungen einer Theorie erfüllt und die Aktionen ausgeführt sind, dann impliziert dies die Befriedigung der Nachbedingungen. Eine Theorie ist deshalb genau dann falsch, wenn, obwohl alle Vorbedingungen erfüllt waren und alle Aktionen erfolgreich durchgeführt wurden, nicht alle erwarteten Nachbedingungen eingetreten sind. Der Begriff Fehlersituation wird im folgenden mit zwei Bedeutungen belegt. Immer dann, wenn es um eine Änderung der Vorbedingungen geht, ist es die Situation vor Ausführung der Theorie. Wird davon im Zusammenhang mit Änderungen der Nachbedingungen gesprochen, so handelt es sich um die Situation nach der Ausführung der Aktion der Theorie.

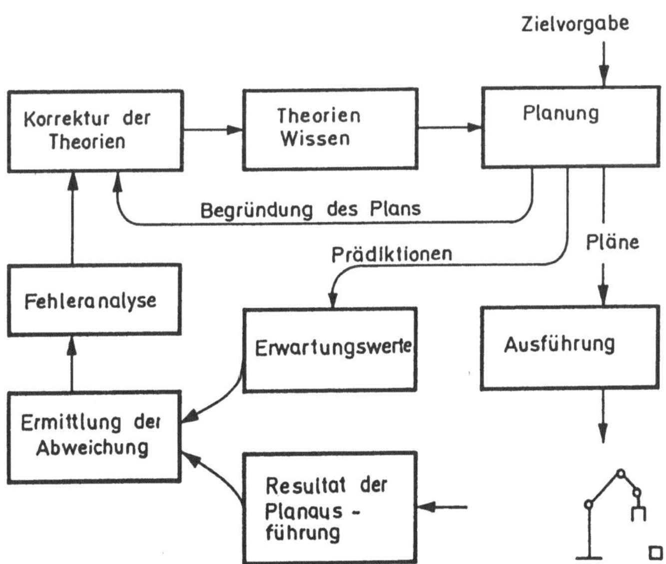

<u>Bild 10.3:</u> Struktur des Lernsystems zur Korrektur falscher Theorien

Hayes-Roth, 1984, beschreibt einen Lernzyklus, in dem durch schrittweises Analysieren von Aktionsplänen, die Wissenseinheiten, die für eventuelle Fehler verantwortlich sind lokalisiert werden. Die Einheiten die als Theorien bezeichnet werden, haben folgende Form:

Angenommene Vorbedingung	B_T
Geplante Aktionen	A_T
Vorhergesgte Wirkung	E_T

Für alle Situationen S liegt daher eine Folgesituation S' (Erwartungswert) gemäß

$$B_T(S) \wedge \text{Ausführung}(A_T,S) \Rightarrow E_T(S')$$

als Relation vor.

Bild 10.3 zeigt die schematische Struktur des Lernzyklus zur Korrektur der fehlerhaften Theorien. Jede Aktion innerhalb des Plans erfordert ein prädiktives Wissen bezüglich ihres Resultats, sowie der angewandten Theorie im Planungsschritt. Nach Ausführung des Plans oder eines Teils der Aktionen kann ein Vergleich zwischen Prädiktion und Resultat vollzogen werden. Zur Analyse und Korrektur von Fehlern schlägt Hayes-Roth fünf Heuristiken vor:

1. Der Widerruf:
Diese Heuristik ist sehr einfach in ihrer Anlage. Sie nimmt lediglich die Nachbedingungen, die in der Fehlersituation nicht erfüllt waren, aus der Theorie heraus. Eine andere Variante des Widerrufs betrachtet die nicht erfüllten Nachbedingungen und versucht sie so zu verändern, daß sie mit der Fehlersituation konform sind.

2. Der Ausschluß
Die Methode des Ausschlusses versucht die wiederlegte Theorie so umzuwandeln, daß eine Anwendung in Situationen, die der Fehlersituation ähnlich sind, nicht mehr möglich ist. Dazu verknüpft sie eine Negation der Beschreibung der Fehlersituation oder einer Verallgemeinerung derer konjunktiv mit den Vorbedingungen der Theorie.

3. Die Vermeidung
Die Vermeidung versucht Situationen auszuschließen, bei denen eine Widerlegung der Theorie absehbar ist. Auch hier wird dies durch eine konjunktive Verknüpfung einer zusätzlichen Bedingung mit den Vorbedingungen der Theorie erreicht. Zur Definition dieser Bedingung betrachtet man allerdings alle existenten Theorien. Man sucht dabei diejenigen Theorien, deren Nachbedingung die Negation der Fehlersituation oder einer Verallgemeinerung dieser enthalten. Die Vorbedingungen und Aktionen der gefundenen Theorien bilden dann die gesuchte Bedingung.

4. Die Zusicherung

Wie schon die Vermeidung, so nutzt auch diese Heuristik alle vorhandenen Theorien zur Rektifikation der widerlegten Theorie aus. Die Zusicherung sucht dabei nach Vorbedingungen, die die Erzielung der nicht eingetroffenen Bedingung garantieren. Die Vorgehensweise ist die folgende:

(a) Suche eine Bedingung die von der Fehlersituation impliziert wird und deren Negation in einer Nachbedingung einer Theorie T enthalten ist.

(b) Suche eine Bedingung B für die gilt, daß die Vorbedingung der widerlegten Theorie und die Ausführung der Aktionen der widerlegten Theorie und B die Vorbedingung und die Aktion der Theorie T implizieren.

(c) Konkateniere diese Bedingung B konjunktiv mit den Vorbedingungen der widerlegten Theorie.

Die Bedingung B muß hierbei nicht unbedingt nur aus Vorbedingungen bestehen. Sie kann durchaus auch Aktionen enthalten.

5. Der Einschluß

Diese Heuristik schränkt die widerlegte Theorie am stärksten ein. Sie verändert die Vorbedingungen so, daß die Theorie nur noch in den Situationen angewandt werden kann, in denen sie sich schon bewährt hat. Diese Situationen werden anhand von empirischen Untersuchungen oder durch simulierte Tests identifiziert. Der konkrete Einschluß wird dann durch eine konjunktive Verknüpfung der Beschreibungen der Situationen mit den Vorbedingungen der widerlegten Heuristik erzielt. Die Beschreibungen selbst sind natürlich disjunktiv zu verbinden.

Die Anwendung dieser Lernstruktur beruht auf deduktiven und heuristischen Methoden, die jeweils spezifisches Wissen erfordern. Das Aktionsplanungssystem muß jeden Planungsschritt mit den Theorien abstimmen, um die für den Lernvorgang nötige Konsistenz zu bewahren. Gewöhnlich besteht das Wissen eines Planers aus Fakten und Heuristiken, die als Grundwissen durch z.B. einen Lehrer (teacher) vorgegeben sind. Aus diesem Grundwissen heraus wird nun versucht, Pläne zur Erreichung eines vorgegebenen Ziels durch die Ausführung spezifischer Aktionen unter definierten Bedingungen zu erstellen. Jeder Plan korrespondiert zu einer der Theorien (Grundwissen) und hängt gewöhnlich von Teilplänen ab, die wiederum mit Theorien korrespondieren. Ein Nebenprodukt des Plans ist der Beweis seiner Richtigkeit oder eine gleichbedeutende Begründung, die für das Lernsystem aber zentrale Bedeutung hat. In der Begründung der einzelnen Planungsschritte liegt der Schlüssel zur späteren Analyse von ausgeführten Handlungsketten. Insbesondere die Generierung von Erwartungswerten (Zwischen- oder Zielzustände) spielt eine zentrale Rolle, da sie als Grundlage der Bewertung der Ergebnisse nach Ausführung des Plans dient. Nicht das Ergebnis, sondern die angewandte Theorie muß in dem lernenden System korrigiert werden. Der Widerruf oder die Berichtigung einer Theorie kann dabei von einem Gegenbeispiel ausgehen, das den fehlerhaften Zielzustand nicht produziert. In der Annahme, daß die Begründung des Gegenbeispiels als syntaktisch

gültiger Beweis aufgebaut ist und die Prädikate, die zu dem Plan führen, sowei ihre Begründung bewertet werden können, dann liegt für das Gegenbeispiel eine gültige Theorie vor. Zur Auffindung der falschen Theorie, die zu dem fehlerhaften Plan geführt hat, muß dieser systematisch in seiner Begründung zurückverfolgt werden, bis zu dem ersten logischen Schluß in der Kette, dessen Auswirkung auf den Plan nicht als richtig bewertet werden kann. Dann kann eine der vorher genannten Heurismen angewandt werden, um die Theorie zu berichtigen.
Übertragen auf den Roboter treten hier Probleme auf, die durch Unsicherheiten bedingt sind. D.h. die Theorie kann richtig sein, aber ihre Anwendungsbedingung ist durch Unsicherheiten nicht eindeutig. Durch Einbeziehung der Unsicherheiten in die Heuristik kann dieser Effekt behoben werden.

11 Konzept eines hierarchischen Robotersystems mit Lernfähigkeit

In diesem Abschnitt wird eine hierarchisch gegliedertes Robotersystemkonzept vorgeschlagen, das mit maschinellen Lernstrukturen erweitert werden kann. Die Lernfähigkeit bezieht sich auf die Erstellung von globalen und lokalen Aktionsplänen sowie der Erweiterung und Verfeinerung der Systemfähigkeit. Die Planungsprobleme sind durch Unsicherheiten und Restriktionen charakterisiert, die eine reibungslose Überführung von Anfangszuständen in definierte Endzustände der Roboterumgebung durch den Roboter erschweren oder behindern. Als Handhabungsaufgabe seien Montageoperationen mit einem Zweiarmsystem betrachtet, das auf einer fahrbaren Plattform zwischen Arbeitsstationen hin und her bewegt wird. Das System wird in die Grundkomponenten Planung, Exekutive und Überwachung sowie dem Lernelement unterteilt und in hierarchische Ebenen gegliedert. Zunächst werden die in Abschnitt 3 beschriebenen ausführenden Systemelemente des Robotersystems behandelt. Unter Ausführung soll dabei die Erstellung von Aktionsplänen unter Verwendung von Planungswissen aus der Wissensbasis, sowie die Simulation bzw. die Ausführung der Pläne durch den Roboter verstanden sein. Danach wird die Erweiterung der ausführenden Systemelemente mit entsprechenden Lernelementen diskutiert. Als Grundprinzip wird eine möglichst einheitliche Repräsentationsform für alle Objekte, die in den Lernelementen und den entsprechenden Ausführungselementen zu verarbeiten sind, verwandt, um unnötige Transformationsprozesse zu vermeiden und die Verallgemeinerungsstrategien konsistent zu halten.

11.1 Grundkomponenten hierarchisch gegliederter Robotersysteme

Die in Bild 1.2 skizzierte Struktur einer hierarchisch gegliederten Roboterarchitektur dient als Basis des autonomen mobilen Robotersystems, das im folgenden beschrieben wird. Das hierarchische Robotersystemkonzept beruht auf der Methode, komplexe Probleme in eine geordnete Menge von Unterproblemen zu zerlegen und eine, durch einen Plan repräsentierte, ausführbare Handlungsfolge zu generieren (Nilson, 1973, Saridis und Stephanon, 1975, Albus et al.,

1981, Dillmann und Kordecki, 1984). Die zu lösenden Probleme können in drei Grundklassen unterteilt werden:

1. Routenplanung und Navigation des Fahrzeugs,
2. Andocken des Fahrzeugs an Arbeitsstationen und
3. Montage von Bauteilen.

Die Routenplanung und Navigation umfaßt die Planung und Ausführung von Fahrzeugbewegungen zwischen mehreren Arbeitsstationen, deren Ort und Geometrie (lay out) bekannt ist. Der Routen- und Navigationsplan umfaßt Fahrbewegungen auf freien Strecken, kritischen Strecken (z.B. das Passieren von Engstellen und Toren), das Umfahren von Hindernissen sowie das Ansteuern von Arbeitsstationen. Das Routenplanungs- und Navigationsproblem ist dabei formal durch einen Anfangszustand, einen Zielzustand sowie durch eine Reihe von Restriktionen vorgegeben. Autonome Routenplanung und Navigation erfordert apriori-Wissen bezüglich der Umwelt in Form von Landkarten oder geometrischen Weltmodellen. Einfach Weltmodelle werden in zahlreichen autonomen mobilen Robotersystemen wie dem Stanford Cart (Moravec, 1980), dem CMU-Rover (Elfes und Talukdar, 1983); dem System HILARE (Laumond, 1983) und vielen anderen verwendet. Der vom Routenplaner erstellte Fahrplan wird durch einen Piloten ausgeführt unter Berücksichtigung von aktuellen Hindernissen und apriori vorhandenen Unsicherheiten. Unter der Kontrolle des Piloten befindet sich dann die Steuerungs- und Regelungsebene, die den elektromechanischen Teil des Fahrzeugs nach vorgegebenen Gütekriterien steuert.

Als separater Problemkreis wird das Andocken des Fahrzeugs an Arbeitsstationen betrachtet, da hierbei der Arbeitsbereich der Roboterarme mit dem Arbeitsbereich der Arbeitsstation abgestimmt wird. Die folgenden Handhabungssequenzen werden mit dem Andocken initialisiert, indem die Referenzframes des Fahrzeugs und der Montagestation durch eine Transformationsmatrix verknüpft werden.
Die Aufgabe der Roboterarme besteht in der Manipulation von Handhabungsobjekten und ihrer Montage. Ausgehend von einem Montagegraph (Vorranggraph), CAD-Modellen der Objekte, einem Regelsatz zur Montageplanung und einem Weltmodell wird von einem Graphplanungsmodul ein linearer Aktionsplan generiert. Die Regeln, bestehend aus Bedingungsteil und Aktionsteil, umfassen Operationsregeln, Selektionsregeln (in Abhängigkeit von dem Weltmodell) sowie allgemein operationelles Wissen. Der Planer arbeitet mit einem Betriebsmittelmodell, d.h. er plant Operationen (im Falle eines Zweiarmsystems) für den rechten oder linken Arm oder für beide in Abhängigkeit der geometrischen Situation bzw. Restriktionen. Der globale Aktionsplan wird durch einen Satz von Feinplanungsmoduln verfeinert, die geometrisch numerischer Natur sind.

Die Feinplanung umfaßt
- Die Greifplanung,

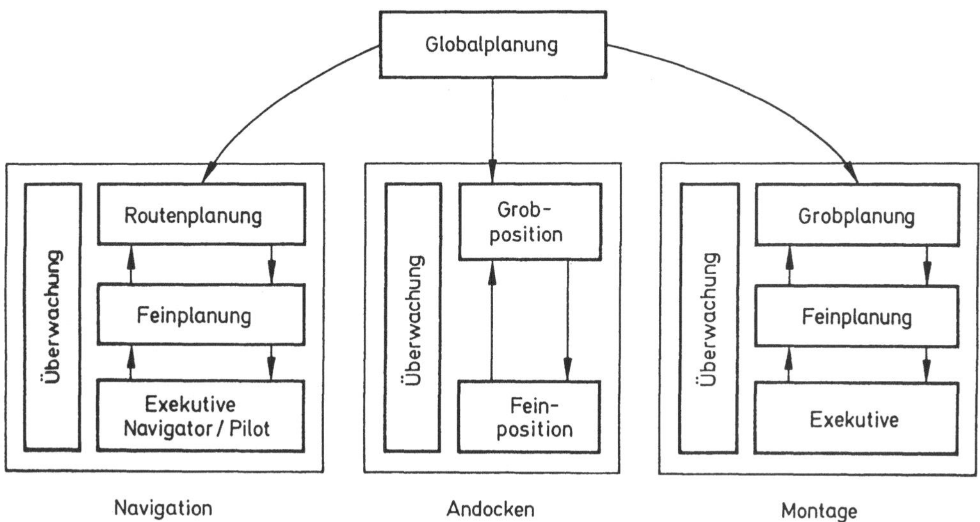

Bild 11.1: Schematische Darstellung der Hauptkomponenten eines mobilen Roboters

- die Bewegungsplanung,
- die Feinbewegungsplanung,
- die Planung von Wechselwirkungen,
- die Synchronisation beider Arme,
- die Kollisionsvermeidung und
- den Sensoreinsatz.

Ist die Feinplanung mit dem generierten Globalplan verträglich, wird der verfeinerte Plan der nächst tieferen System-Ebene zur Ausführung übergeben. Steht die Feinplanung im Widerspruch zur Globalplanung, wird der Globalplan mit einer Erklärungskomponente an den Globalplaner zurückgegeben. Die Feinplaner benutzen spezielle Regelmengen, das interne geometrische Weltmodell, problembezogenes Strategiewissen sowie zahlreiche geometrische Prozeduren als Grundlage.

Der nominale Operationsplan besitzt Freiheitsgrade, die durch Restunsicherheiten bedingt sind. Diese Freiheitsgrade werden von der nächsttieferen Ebene des Robotersystems benutzt, um auf aktuelle Situationen nach deren Klassifikation und qualitativer und quantitativer Interpretationen reagieren zu können. Kann bedingt durch zu große Abweichungen von aktueller Situation zu Erwartungssituationen bzw. Unsicherheiten der Operationsplan nicht ausgeführt werden, wird die Operation unterbrochen und mit entsprechender Statusinformation auf die nächsthöhere Planungsebene zurückgegangen, um eine alternative Strategie zu generieren (backtracking).

Bild 11.1 zeigt die Grobstruktur der drei oben genannten Komponenten des mobilen Roboters. Allen drei Komponenten ist ein übergeordnetes Modul zugeordnet, das die Aufträge erhält und an die einzelnen Elemente weitergibt. Nach dem einfachen Lernmodell in Kap.3 bestehen die drei Elemente in dieser Form aus den Komponenten Ausführungselement und Wissensbasis. Zahlreiche autonome mobile Robotersysteme weisen eine solche hierarchische Struktur auf.

11.2 Lernziele des mobilen Robotersystems

Den im vorangegangenen Abschnitt beschriebenen hierarchisch gegliederten Systemelementen lassen sich Grundfunktionen wie Planung, Exekutive und Überwachung zuordnen. Der Planungsvorgang erfordert umfangreiches Wissen, das Regelsätze, Heurismen, Algorithmen, Fakten und ein Weltmodell umfaßt. Unter der Annahme, daß das vorhandene Wissen in sich konsistent ist, können die Planungselemente einen logisch richtigen und in der Modellwelt ausführbaren Plan generieren. Unvollständiges oder fehlerhaftes Wissen erschwert den Problemlösungsprozeß und führt zu unvollständigen und fehlerhaften Lösungen und damit zu einem nicht ausführbaren Plan (Bild 11.2.).

Die Erweiterung, Verfeinerung sowie Korrektur des Planungswissens ist somit ein primäres Lernziel. Die Verallgemeinerung der Regelsätze und Heurismen ist ein zweites Lernziel, um das Planungsmodul in seinem Umfang zu reduzieren und auf breitere Problemgruppen anwenden zu können. Für den mobilen Roboter können folgende Arten von Wissen separiert werden:

- Wissen bezüglich der Sequentialisierung bzw. Parallelisierung von Aktionen,
- Wissen bezüglich der Manipulation von Objekten,
- Wissen bezüglich der Routenplanung und Navigation des Roboters,
- Wissen bezüglich der Umwelt (Geometrie, Relationen, konzeptuelles Wissen),
- Wissen bezüglich der Unsicherheiten in der Umwelt (Unschärfen, Rauschen, Zeitvarianz),
- Wissen über Fehlerquellen im Robotersystem sowie der Fehlerfortpflanzung,
- Wissen zur Reduktion der Unsicherheiten in der Umwelt und Sensorstrategien.

Dieses Wissen wird benötigt, um über schlußfolgernde Mechanismen einen Operationsplan für das Robotersystem zu generieren. Die Brauchbarkeit des Plans zeigt sich bei der Interaktion des Roboters mit der realen Welt. Insbesondere wird hierbei die rechnerintern durchgeführte Repräsentation, Handhabung und Schlußfolgerung über physikalische und geometrische Phenomene der realen Welt (Stereophenomenologie) bewertet. Abweichungen zwischen dem internen

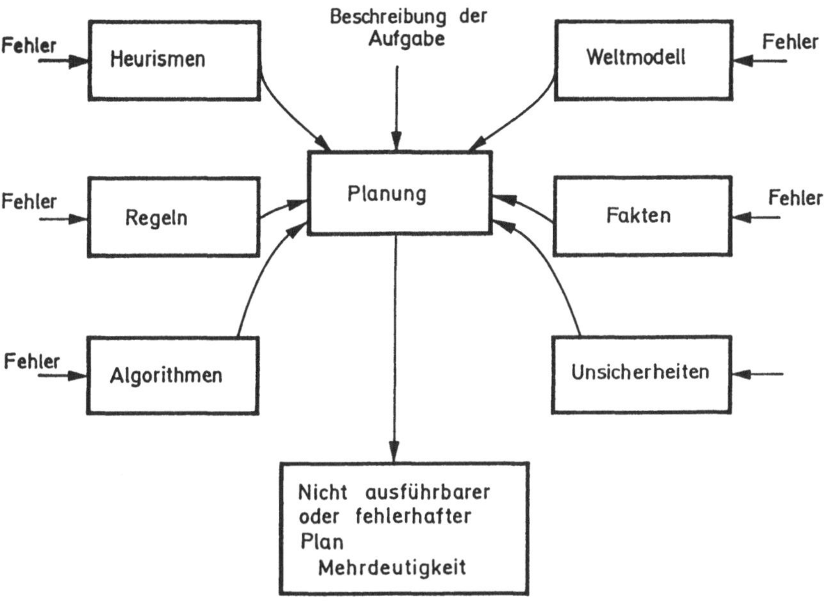

Bild 11.2: Fehlerquellen bei der Generierung von Operationsplänen für Handlungsketten

Weltmodell und der realen Welt (Situation) führen zu Konfliktsituationen die unter Umständen einen Abbruch der Handlungssequenz erfordern, oder eine Reaktion zur Auflösung von lokalen Konflikten notwendig machen. Eine Reaktion ist wiederum von einer Analyse der Situation und der Wechselwirkung abhängig. Auf dieser Ebene sind weitere Lernziele von Interesse, die sich auf folgende Punkte beziehen:

- Modifikation bzw. Planungsstrategien zur Anpassung von Operationsplänen an reale Begebenheiten,
- Analyse von Situationen und Zusammenhängen unter Verwendung der Informationen aus dem Handlungsplan (Erwartungswerte, Zieldefinition) und der Eindrücke die über das Sensorsystem gewonnen wurden,
- Wissen zur Lösung lokaler situationsbedingter, anwendungsbezogener Konflikte,
- Wissen bezüglich des Sensoreinsatzes,
- motorisches Wissen zur Durchführung reibungsloser, konfliktfreier, optimaler Trajektorien.

Das motorische Wissen bezieht sich auf die Kinematik und Dynamik von Robotern. Die Autonomie des Roboters beruht auf der Fähigkeit des sogenannten "backtrackings", das bedeutet, bei nicht lösbaren Konflikten oder nicht ausführbaren Planelementen wird in der Hierarchie die nächsthöhere Instanz mit der Lösung des Problems betraut, indem ihr neben der Fehler- oder Konfliktmeldung die notwendige Information bezüglich des Problems übermittelt wird. Dies erlaubt eine Klassifikation des aktuellen Konfliktfalls und unterstützt die Suche nach Lösungen oder Alternativen. Ein generierter Plan kann dann als momentan gültige Hypothese betrachtet werden. Die Aufzeichnung der Ausführung sowie die Klassifikation der dabei auftretenden Konflikte dienen der Bewertung der Hypothese sowie der Generierung einer neuen oder erweiterten Hypothese. Somit kann ein Lernzyklus gebildet werden.

11.3 Wechselwirkungen zwischen Planung, Exekutive und Überwachung

Lernstrategien, die auf induktiven, analogen oder erfahrungsorientierten Schlußfolgerungen beruhen, referenzieren jeweils Informationen aus der Vergangenheit (Planungsaufzeichnungen, Ausführungstrace, Hypothesen) um ihr problemspezifisches Wissen erweitern oder verfeinern zu können. Die Information aus der Vergangenheit (in Anlehnung an Kap.3 aus der Umwelt) beziehen sich bei den autonomen Robotern auf die drei Ausführungselemente Planung, Exekutive und Überwachung. Im Initialzustand wird die Planung auf ein prädiktives Modell der mit Unsicherheiten behafteten Umwelt sowie einer Initialhypothese (Grundwissen) bezogen. Dieses Weltmodell beinhaltet das geometrische Initialwissen bezüglich der Handhabungsobjekte, der Hindernisse der Arbeitsstationen sowie ihre Relationen (symbolische Relationen und numerische Attribute). Der Planer benutzt dieses Initialmodell als Ausgangssituation die in einen durch die Aufgabenstellung definierten Zielzustand zu überführen ist. Zum Beispiel sei ein Satz von mechanischen Bauteilen als CAD Modell (Objektbeschreibung) mit seinen technologischen und funtionalen Eigenschaften sowie der Ort wo die Teile zu erwarten sind vorgegeben. Ein Vorranggraph definiere die Ordnung nach der die Montage durchzuführen sei, Bild 11.3a. Die Knoten beschreiben die Handhabungsobjekte, die Kanten sind Montageoperationen zur Verbindung benachbarter Teile. Der Vorranggraph wird zur Problembeschreibung verwendet. Ist die Lage von allen Teilen nicht gegeben, wird ein externes Modul, z.B. ein Sichtsystem aktiviert, um die fehlende Information zu beschaffen. Weiteres Initialwissen betrifft die sogenannten Fügeflächenmatrizen, aus denen die geometrischen Verbindungen der Montageteile hervorgehen. Unter Verwendung von Operationsregeln, Selektionregeln, operativem Wissen und Fakten wird in der Initialphase ein erster naiver linearer Plan generiert (Hypothese), der die Reihenfolge der Montageoperationen, die Teilziele sowie die Charakteristika der Teiloperationen und Restunsicherheiten beinhaltet. Ein Planungsprotokoll dokumentiert den Initialplanungsvorgang, d.h. die Reihenfolge der gezündeten Regeln wird festgehalten. Die Verfeinerung des Initialplans erfolgt durch die Feinplanungsmodule, die den Restunsicherheiten

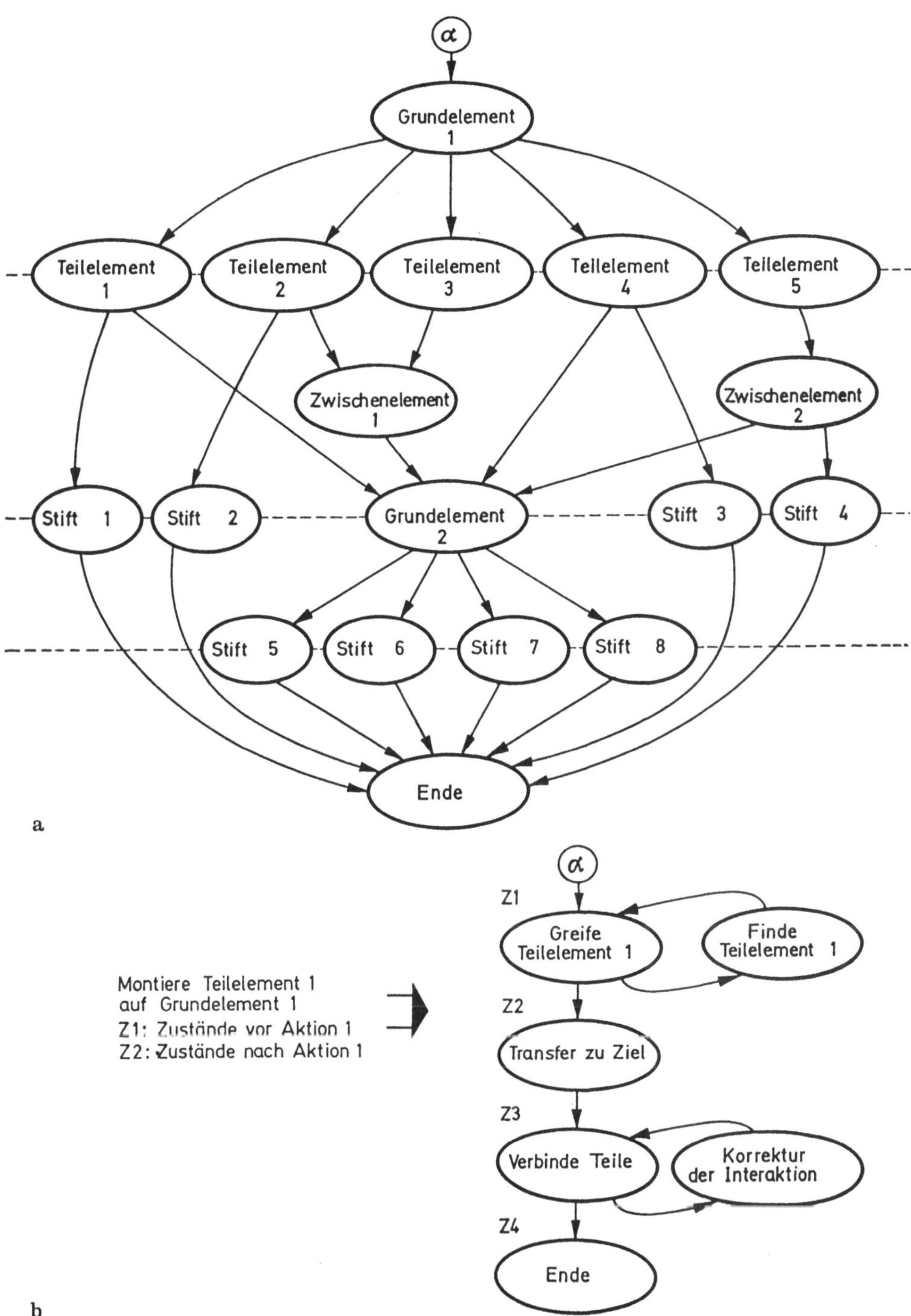

Bild 11.3: Vorranggraph zur Beschreibung einer Montageaufgabe (a) und Teilplan zur Verbindung zweier Elemente (b)

unter Verwendung von Strategiewissen Strategien zum Erreichen der Teilziele zuordnen (Sensorplanung, Korrekturbewegungen).

Tabelle 11.1: Zuordnen von Meßgrößen und Sensoren zu Roboteraktionen

Aktionen		zu messende Größen	Sehen	Näherung	Taktiles Messen
Handhabung	Suchen und lokalisieren	Ort und Orientierung	x	x	-
		Kontur, stabile Lage	x	x	-
	Greifen	Ort und Greifpunkte	x	x	-
		Material, Gewicht	-	-	x
		Mechanische Stabilität	-	-	x
Transition	Kollisionsvermeidung	Lokalisierung von Hindernissen	x	x	-
		Annäherung an Hindernisse	x	x	-
	Kraftregelung	Steifheit des Arms	-	-	x
		Kräfte in Gelenken	-	-	x
Teile verbinden	Suchen und lokalisieren	Kontur des Zielobjekts	x	-	-
		Ort des Fügevorgangs	x	x	-
	Fügen	Kraft- u. Momenterfassung	-	-	x

Tabelle 11.1 zeigt die prinzipielle Zuordnung von Meßgrößen und Sensoren zu mit Unsicherheiten behafteten Aktionen, s.a. Bild 11.3b. Zur Ausführung des Initialplans kooperiert in der nächsten Phase der Planungsteil (top-down model driven) mit dem Ausführungs- und Überwachungsteil (bottom-up data and event driven) des Systems. Die ausführende und überwachende Systemebene ist in zwei Ebenen, der HLI-Ebene (high level interpreter) und der LLI-Ebene (low level interpreter), Dillmann 1984, unterteilt. Die HLI-Ebene erhält von der Planungsebene sukzessive die ausführenden Plansegmente, die Beschreibung der Ausgangssituation und die Teilziele sowie die mit den Restunsicherheiten verbleibenden Freiheitsgrade. Die Operation des HLI besteht in Ausführung dieser Plansegmente, d.h. Interpretation, Taskdekomposition und Taskscheduling sowie anschließender Ausführung der Tasks durch die tiefer liegenden LLIs. Die Überwachung erfolgt durch einen Monitor der eine Aufzeichnung der Planausführung durchführt, sowie nicht lokal auflösbare Konflikte der höheren Planungsebene anzeigt. Er hat die Funktion eines Performance Bewerters und Kritikers. Bild 11.4 zeigt die schematische Struktur der Exekutiv- und Überwachungsebenen. Auf der unteren Ebene (LLI) sind fest verdrahtete Regelkreise sowie adaptive Regler (oder auch CMACs) zu finden. Die LLI-Ebene führt elementare Planelemente d.h. einfache Bewegungsoperationen in Echtzeit aus. Weiterhin werden auf der LLI-Ebene Sensordaten erfaßt und vorverarbeitet. Pro Einheit (Arm 1, Arm 2, Fahrzeug) überwacht ein einfacher Monitor die Ausführung der Operationen sowie die Zustände. Die LLI-Ebene entspricht der in Bild 1.2 beschriebenen Ebenen H_2–M_2–G_2 und H_1–M_1–G_1. Der Informations-

austausch zwischen LLI und HLI umfaßt die Anweisungen zur Ausführung elementarer Plansegmente sowie Statusberichte über den Stand der Ausführung, Zustands- und Sensorinformationen sowie Bilddaten von den Sichtsystemen. Die Zustands- und Sensorinformationen werden durch den Monitor reduziert und derartig transformiert, daß sie auf der nächst höheren HLI-Ebene in eine Tafel (dynamisches Weltmodell) eingetragen werden können. Die LLIs stellen also der HLI-Ebene die gesamte Information von den Sensorsystemen, den Systemzuständen in normierter Form zur Verfügung. Der Kern der HLI-Ebene ist sein dynamisches Weltmodell, das durch ein sogenanntes "Blackboard" repräsentiert ist (Gage, D., Harmon, S., Aviles, W. und Bianchini, G., 1985, Harmon, 1983). Diese Tafel (blackboard) beinhaltet das Weltmodell für alle Teilsysteme des HLI. Alle aktuellen Zustände, alle Anfangs- und Zielzustände sowie die Zwischenzustände (Erwartungswerte) sind dort abgespeichert. Das Blackboardkonzept ist kein passives Konzept, das sich mit der Präsentation der Zustände erschöpft, sondern es beinhaltet ebenso aktive Prozesse, die die Konsistenz der Daten sicherstellen sowie deren Auswertung durchführen. Der globale Monitor ist daher eine Teilkomponente dieses Konzepts. Die von dem HLI erzeugte Tasksequenz (Folge von atomaren Plansegmenten) wird mitsamt den Erwartungswerten über den Monitor im Blackboard abgespeichert. Während der Ausführung des Plans tragen die LLIs und Sensorverarbeitungsmodule aktuelle Werte in die Tafel ein, wo sie mit den entsprechenden Erwartungswerten (Teilziele des Plans) verglichen werden. Der zu Beginn dieses Abschnitts besprochene Initialplan kann somit durch den HLI-Monitor bezüglich seiner Durchführung und auftretenden Konflikten überwacht werden. Für den Konfliktfall verfügt der Monitor über lokales Strategiewissen, das ihn befähigt innerhalb des Initialplans lokale Konflikte zu lösen. Beispiele sind Kollisionsvermeidungsstrategien bei zeitvarianten Hindernissen, Neustart einer Greifoperation bei Fehlgriff, Korrektur von Fügeparametern im Falle von Verkantungen oder allgemein die neue Belegung von Variablen durch aktuelle Werte und eine definierte Wiederholung der Fehloperation. Erlaubt das Strategiewissen keine Problemlösung, ist ein "Backtracking" zu den höher liegenden Planungsebenen notwendig. Blackboardarchitekturen verfügen über spezielles problemspezifisches Wissen entweder in Form von Produktionsregeln oder individuellen Steuerungsheuristiken (Hayes-Roth, 1985). Das für Lernstrategien notwendige Wissen aus der Vergangenheit bezüglich der Bewertung der generierten Pläne bzw. der Hypothesen wird über die Blackboardstruktur in seiner Rohform generiert. Das modellgesteuerte Planungssystem erhält somit über den HLI ereignis- und datenorientierten Realitätsbezug.

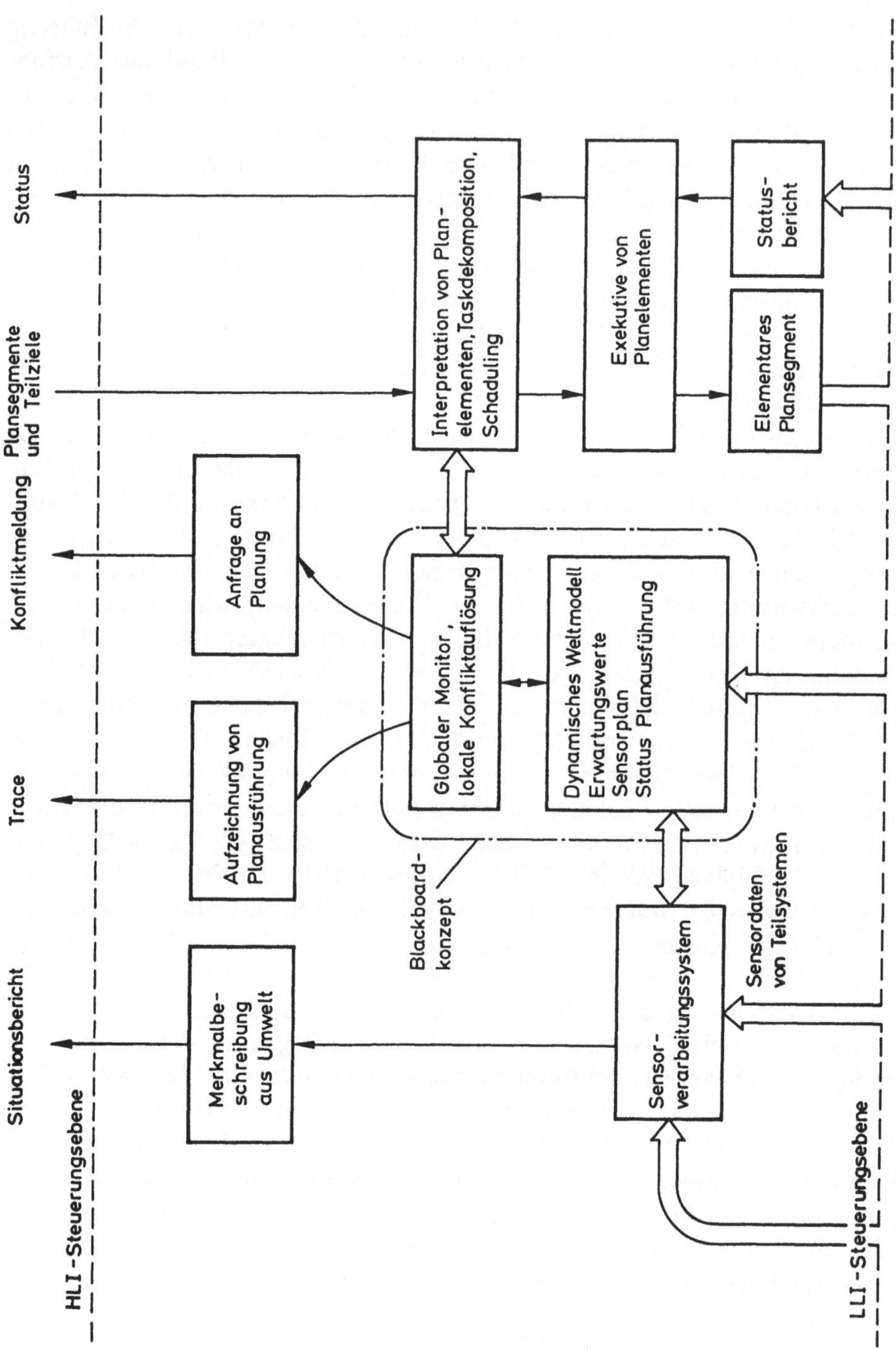

Bild 11.4: Schematische Struktur der HLI- und LLI-Ebene des Ausführungs- und Überwachungsteils des Robotersystems

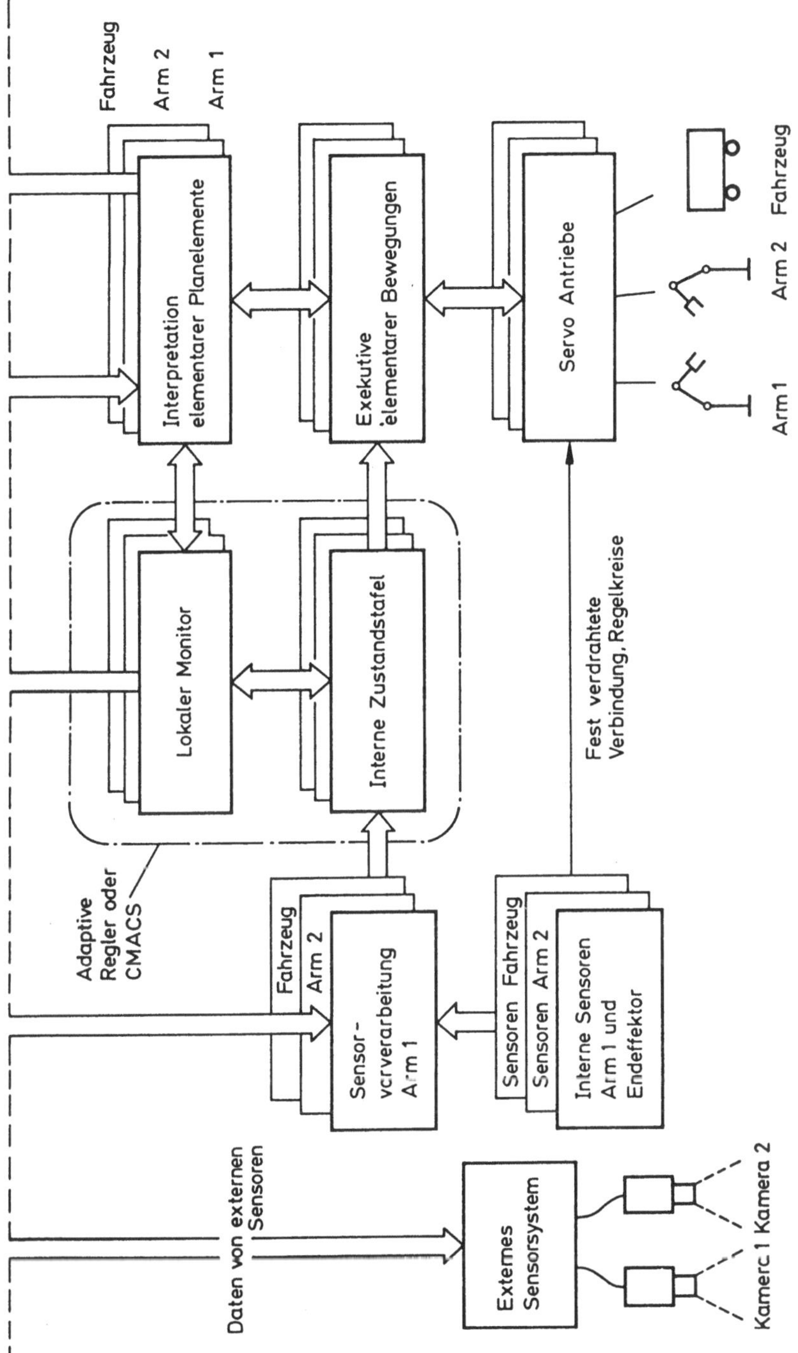

Fahrzeug
Arm 2
Arm 1
Interpretation
elementarer Planelemente
Exekutive
elementarer Bewegungen
Servo Antriebe
Fahrzeug
Arm 2
Arm 1
Lokaler Monitor
Interne Zustandstafel
Fest verdrahtete
Verbindung, Regelkreise
Adaptive
Regler oder
CMACS
Fahrzeug
Arm 2
Sensor-
vcrverarbeitung
Arm 1
Sensoren Fahrzeug
Sensoren Arm 2
Interne Sensoren
Arm 1 und
Endeffektor
Daten von externen
Sensoren
Externes
Sensorsystem
Kamerc 1
Kamera 2

11.4 Der HLI als Bewerter und Kritiker von Plänen

Als Elemente eines lernenden autonomen Robotersystems wurden bisher die Planungs-, die Exekutiv- und die Überwachungsmoduln diskutiert. Sie können in der Struktur des Lernsystems in Kap.3 als Ausführungselemente und der HLI zusätzlich als Kritiker und Bewertungselement gesehen werden, der Informationen über die Wirkung der Aktionspläne generiert. Weiterhin hat der HLI die Funktion als Schnittstelle zur Umwelt, aus der Informationen mit Realitätsbezug gewonnen werden. Damit die Aufzeichnungen der Planausführung bewertet werden können, muß für den Planungsvorgang eine Dokumentation vorliegen. Der Planer muß hierzu eine Erklärungskomponente besitzen sowie eine Beschreibung der Suchoperationen im Regelraum, damit die Regeln, die für die einzelnen Plansegmente verantwortlich sind, markiert werden können (Planungstrace). Planungstrace und Ausführungstrace werden verglichen, sodaß die Fehlerquellen lokalisiert werden können. Im Falle heuristischer Planungsverfahren kann bei der als fehlerhaft lokalisierten Heuristik die Anwendungsbedingung, der Operator oder die Nachbedingung falsch sein. Nach der Lokalisierung erfolgt die Korrektur des Fehlers bzw. die Suche nach Korrekturmöglichkeiten über Hypothesen. Ist die gefundene Hypothese plausibel und als richtig beweisbar erfolgt eine Korrektur bzw. Erweiterung des Planungswissens. Das Fehlerwissen, das aus der Fehleranalyse und der Plankorrektur gewonnen wird, wird als sogenanntes Vergangenheitwissen getrennt abgespeichert. Der Planer benutzt dieses Wissen im nächsten Planungsgang zur Vermeidung gleichartiger Fehler oder zur Verallgemeinerung der Hypothese (Induktion).

Die vom Planer erzeugten Pläne weisen Freiheitsgrade auf, die festlegen, bis zu welcher Fehlergröße oder Abweichung des Vorgeplanten zur realen Situation ein Fehler durch die Exekutive lokal behoben werden soll. Im Falle parametrischer Abweichungen wie z.B. Lage und Orientierung von Objekten in einem Zielbereich muß eine dynamische Korrektur bzw. Anpassung des Plans durchgeführt werden. Im Falle struktureller Abweichungen der Umweltsituation von der erwarteten Situation, muß der Grund der Abweichung festgestellt werden. Entweder läßt sich eine dynamische Korrektur im Falle geringer struktureller Abweichungen oder eine globale Plankorrektur im Falle erheblicher struktureller Abweichungen durchführen. Geringe strukturelle Abweichungen sind dadurch gekennzeichnet, daß sie das Erreichen von Teilzielen des Plans erlauben. Liegt z.B. ein Werkstück nicht in der erwarteten stabilen Lage, daß es wie geplant gegriffen werden kann, muß durch einen dazwischengeschalteten Manipulationsvorgang das Werkstück in die im Plan vorgesehene Ausgangslage gebracht werden. Das Zwischenziel kann jedoch erreicht werden. Zur dynamischen Korrektur wird in der HLI-Ebene lokales Strategiewissen benötigt, sodaß dort innerhalb der im Plan vorgesehenen Freiheitsgrade lokale Probleme und Konflikte gelöst werden können. Das lokale Strategiewissen wird der Exekutive

von dem Planer, der die Unsicherheiten berücksichtigt zur Verfügung gestellt. Ein Plansegment besteht also aus der Beschreibung der Aktion, z.B. aus Anfangszustand, Zielzustand, Transition und verbleibenden Freiheitsgraden. Hierzu kommt eine Meßvorschrift, eine Analyse- und Klassifikationsvorschrift und lokales Strategiewissen zur Auflösung von Konflikten. Diese Aktionsbeschreibung wird zu einer sogenannten Elementaroperation EO zusammengefaßt. Die Aufgabe des HLI ist neben der Generierung der Ausführungsaufzeichnung eine Bewertung, bzw. eine Kritik bezüglich des ihm zur Verfügung gestellten lokalen Strategiewissens der EO's. Ist das lokale Strategiewissen für individuelle EO's nicht ausreichend zur Lösung lokaler Konflikte, muß das Strategiewissen erweitert bzw. modifiziert werden. Der HLI meldet entweder der Planungsbebene, daß das Problem nicht lösbar ist sowie eine Situationsbeschreibung oder fordert zusätzliches Strategiewissen zur Erweiterung der EO's an. Das Strategiewissen wird durch das Lernelement erworben und dem HLI durch den Planer übergeben (Implantierung aufgabenbezogenen Strategiewissens).
Beispiele für Elementaroperationen sind:

- Greife Objekt
- Bewege Objekt
- Füge Teil
- Andocken
- Abdocken
- Suche Teil
- Fahre zu Ort ...

Somit kann der Roboter schrittweise eine EO nach der Anderen lernen (skill aquisation).

Der HLI soll in Echtzeit arbeiten (ebenso die LLI-Ebenen), während die Planungsebene sowie das Lernlelement off-line Systemelemente sind. Ausführungstrace, Situationsanalyse, sowie dynamische Plankorrektur müssen Echtzeitanforderungen genügen. Das Planungselement sowie das Lernelement sind wissensbasiert und auf der Basis von Expertensystemschalen in ihrer Realisierung vorgesehen. Die Arbeit der Expertensysteme (Lernelement, Planungselement) erfolgt nicht in Echtzeit, d.h. die Planungs- und Lernzyklen arbeiten off-line. Die Koordinationsschnittstelle zwischen der Expertensystemebene (Lernen, Planung) und der Planausführung und seiner Überwachung durch das Sensorsystem, der Sensorinterpretation und der EO-Bewertung ist die Blackboardarchitektur. Ein wichtiges Merkmal der Blackboardarchitektur ist die Konsistenz der darin abgelegten Daten sowie die Anwendung einheitlicher Regeln und Operatoren. Auf dem Blackboard findet die Transformation der spezifischen Daten in symbolische Repräsentation statt, die für den Ausführungstrace sowie die Situationsanalyse unerläßlich ist. Der symbolische Ausführungstrace kann dann ohne zusätzliche Transformation im Lernelement verarbeitet werden.

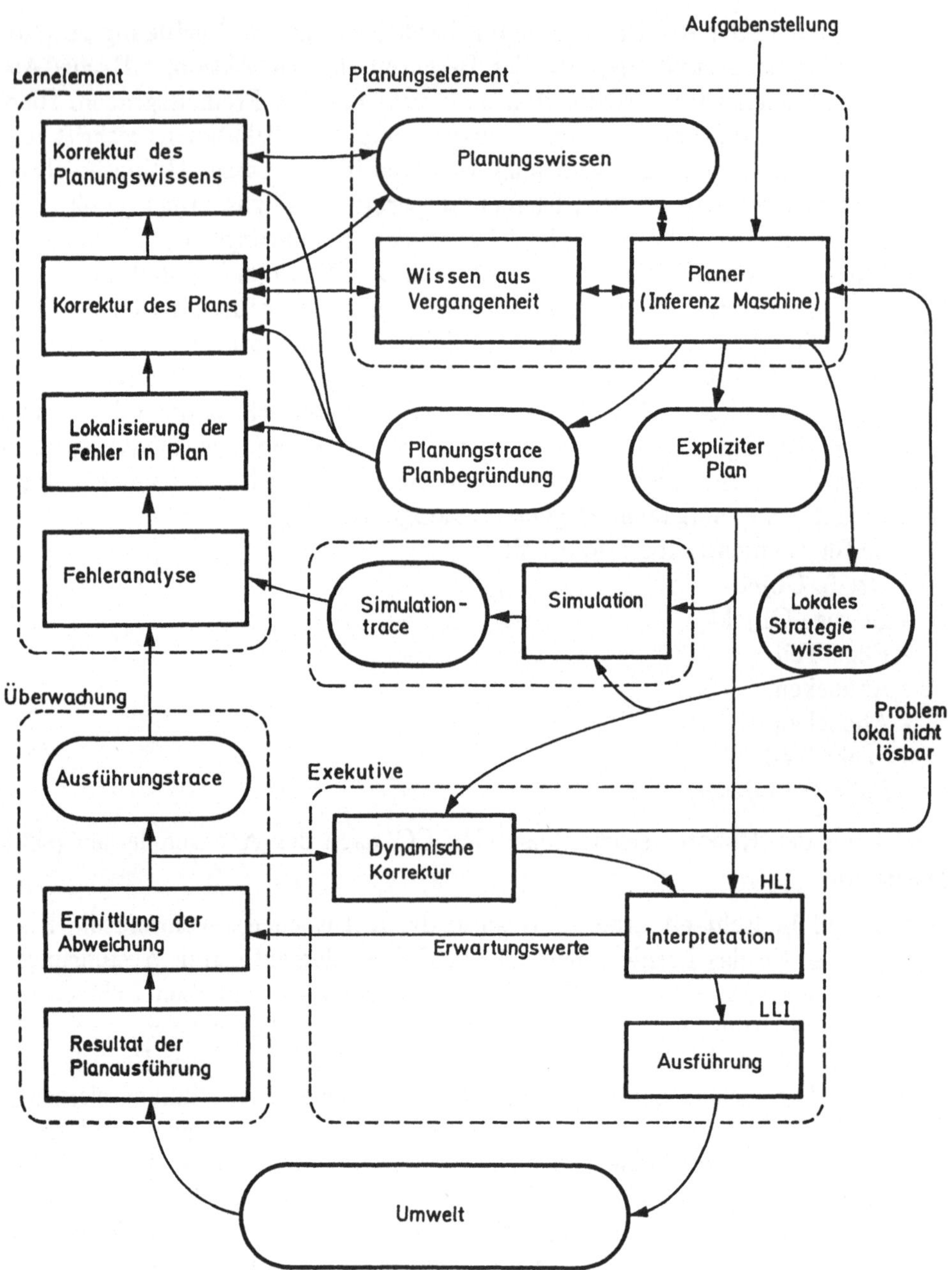

Bild 11.5: Schematische Darstellung der Erweiterung des Robotersystems um ein Lernelement

11.5 ROSI 2 als Experimentator zur Unterstützung induktiven Lernens von Planungs- und Strategiewissen

Der in Bild 11.3 dargestellte Vorranggraph beinhaltet Informationen bezüglich der Reihenfolge von Montageoperationen. Die Montage dieser Teile kann durch den Planer auf wenige wiederkehrende Aktionstypen zurückgeführt werden. Beispiele hierzu sind:

- "Greifen" von Objekten, mit vorherigem "Finden" der Teile
- "Transfer" der Teile von Ausgangslage zu Zielposition
- "Verbinden" der Teile mit Spezifikationen wie
  a.)"Ablegen" der Teile
  b.)"Einstecken" von Stiften in Löcher
  c.)"Schrauben" von Schraube in Gewinde oder von Mutter auf Schraube
- "Einlegen" von Teilen
- "Funktionskontrolle" mit Spezifikation

Entsprechend der Ausgangssituation und den Unsicherheiten in der Umwelt des Robotersystems haben die Aktionsgrundtypen unterschiedliche parametrische und strukturelle Formen. Zur Vermeidung einer Explosion der kombinatorischen Vielfalt liegt ein Lösungweg in der Verallgemeinerung von Lösungen durch Induktion. Als Beispiel wird ein Initialplan durch das Planungssytem vorgegeben und durch Simulation bewertet, siehe Bild 11.5. Wie der HLI wird von dem Simulationssystem ein Simulationstrace erzeugt, der dem Lernelement zugeführt wird. Der Simulator besteht aus dem emulierten Roboter (HLI und LLIs) sowie einem Umweltmodell. In seiner Funktion als Experimentator variiert der Simulator das Umweltmodell und bewertet somit die generierten expliziten Aktionspläne bezogen auf Unsicherheiten sowie das vom Planer generierte Strategiewissen für die EO's. Die Variation der Umweltsituation kann systematisch erfolgen, sodaß die Gültigkeitsbereiche der generierten Pläne bestimmt werden können. Mit der Bestimmung der Gültigkeitsbereiche und induktiven Lernschritten durch das Lernelement können sogenannte Problemgruppen gefunden werden. Eine Problemgruppe ist dadurch gekennzeichnet, daß Handhabungsprobleme die im Bereich abgegrenzter Anfangs-, Rand- und Endbedingungen definiert sind, durch einen einzigen Plan der lediglich parametrische Freiheitsgrade besitzt und aus einer Folge von EO's besteht, gelöst werden. Die Erweiterung der Problemgruppen durch Induktion führt zu effizienten Planungsverfahren und Einschränkungen der Regelsätze, dagegen werden die Inferenzen komplexer. Das Simulationssystem ROSI 2, Dillmann und Huck, 1985, ist als Experimentator in dem genannten Kontext ausgelegt worden. Es besitzt einen Debugger, einen Fehlersimulator, einen Situationsanalysator und ein Kollisionserkennungsmodul, womit eine systematische Analyse der Planausführung möglich ist. HLI und LLIs sind durch einen Emulator nachgebildet. Das Weltmodell beinhaltet Modelle bezüglich Geometrie, Kinematik, Umweltrelationen, numerische Attribute und topologische sowie funktionelle Sensorbeschreibungen (vergl. Bild 11.6).

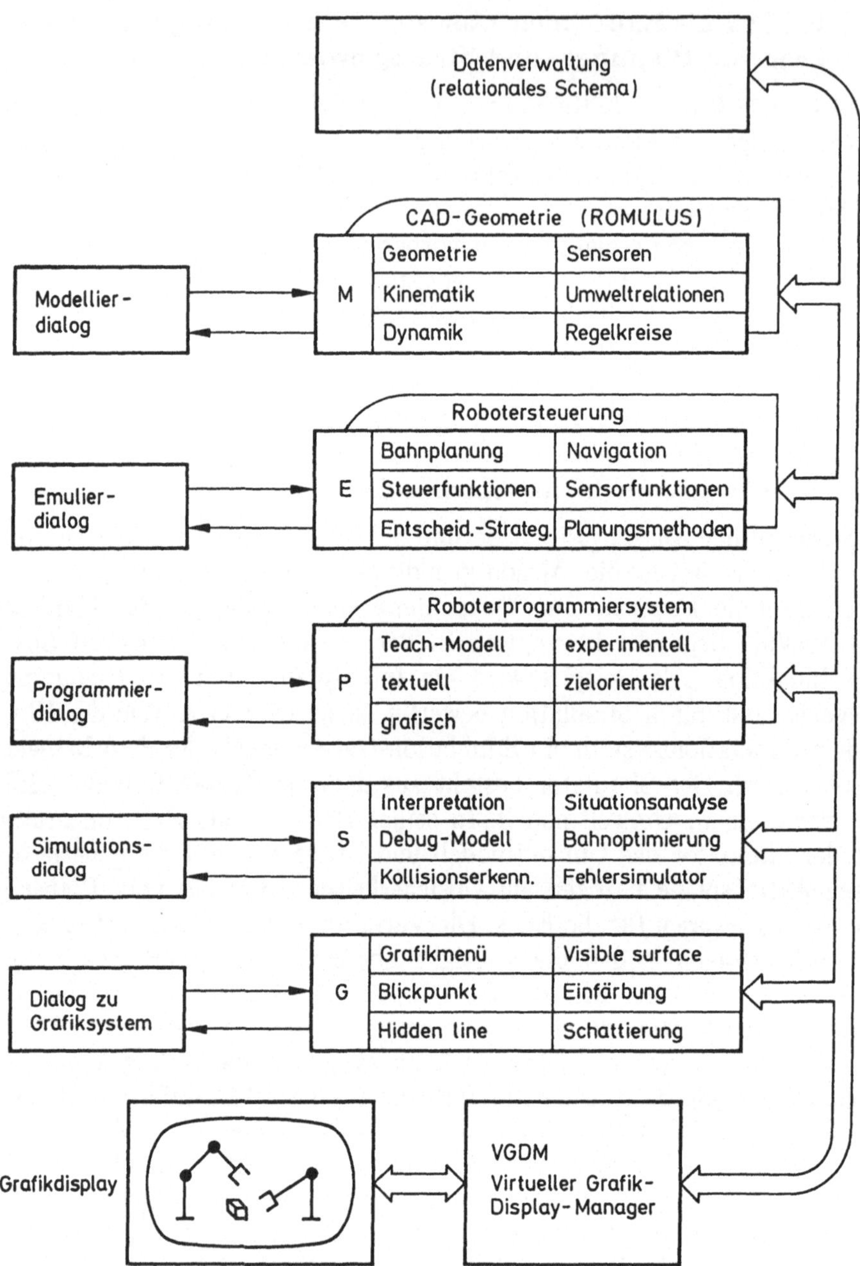

Bild 11.6: Systemstruktur und -komponenten von ROSI 2

Zur Realisierung des Systems lassen sich vier Komponenten isolieren:

- Das Planungssystem bestehend aus Wissensbasis, Inferenzmaschine und einem Plangenerator sowie dem Lernelement mit Zugriff auf die Wissensbasis unter Verwendung von Metawissen zur Manipulation und Verallgemeinerung vorhandenen Wissens.
- Ein Modelliersystem zur Generierung des Weltmodells für das Fahrzeug sowie die Montageoperationen. Den CAD-Grunddaten sind zusätzliche Relationen und numerische Attribute zuzufügen. Weiterhin werden aus den CAD Modellen Kontrollflächenmodelle sowie Merkmalsbeschreibungen (Konzepte) abgeleitet. Die Verwendung von semantischen Netzen zur konzeptuellen Beschreibung der Umweltsituation und der darin vorkommenden Relationen bietet sich hier an.
- Ein Simulationssystem zur Unterstützung des Lernelements und zur detektion von Planungsfehlern.
- Der HLI mit einer Blackboardarchitektur als Schnittstelle zum Planungs- und Lernelement.

Die vier Komponenten müssen wegen ihrer Komplexität auf mehrere Rechnersysyteme (z.B. Micro VAX II) verteilt werden. Problematisch ist die Integration der verschiedenen Programmierumgebungen (Common Lisp, Pascal, C, Prolog) in ein Gesamtsystem. Common Lisp unterstützt die Programmierung der Planungs- und Lernelemente. Die Verwendung von INGRES als relationale Datenbank mit Lisp-INGRES Schnittstelle wäre hierzu verträglich. Die CAD-Software sowie die Robotergrundsoftware (Kinematik, Effektoren, Sensoren) liegt in Pascal vor. Die Echtzeitprozesse insbesondere die LLIs sind in C geschrieben. Concurrent Prolog ist ein Kandidat für die Blackboardimplementierung. Wünschenswert wäre eine Expertensystemschale mit mehreren Sprachschalen (Common Lisp, OPS5 und Prolog), wie es für Knowledgecraft der Carnegie Group angekündigt ist. Die flexible Handhabung von Graphenstrukturen sowie die Benutzung von Slots sind Anforderungen an solche Schalen. Zur Aufzeichnung von Planungsabläufen sowie Simulationen oder EO's sind Skripttechniken bewährte Metheden.

Als Benutzerschnittstelle zu dem Robotersystem wird eine implizite Programmiersprache gegenwärtig konzipiert. Ein natürlich sprachlicher Zugriff auf das Lernelement sowie das Planungselement wäre eine weitere interessante Schnittstelle für eine benutzerfreundliche Programmierung des Systems sowie zur Unterstützung von Lernstrategien (Lernen durch Anweisung).

12 Schlußbemerkung

In dieser Arbeit wurde ein Überblick bezüglich maschineller Lernsysteme sowie Ansätze zu deren Anwendung in der Robotik gegeben. Keine der Ansätze ist auf bisher aus dem Konzept- bzw. Laborstadium zu praktischer oder industrieller Reife entwickelt worden. Der noch anhaltende Erkenntnisprozeß auf dem Gebiet der maschinellen Lerntheorien sowie der Entwicklung lernfähiger Systeme ist einer der Gründe hierzu. Erhebliche Fortschritte wurden auf den Gebieten lernender Automaten und lernfähiger analoger Systeme (adaptive Regler, Adaptionsalgorithmen, dynamische Regelungssyteme mit Selbstorganisation) erzielt. Ein Grund hierzu liegt in den sehr speziellen aber überschaubaren Domänen der technischen Applikationen. Die Vielfalt der adaptiven Modelle umfassen lineare und nichtlineare dynamische Reglersysteme sowie Zustandsregelungssysteme. Die Domäne des Lernens von Verhalten, speziell für autonome mobile Roboter, ist wesentlich komplexer in seiner Anlage, da die Zielbildung und Verhaltensplanung durch Wahrnehmungsprozesse, Situationsanalysen, Entscheidungsstrukturen sowie Verhaltens- und Wissenskorrekturen charakterisiert ist. Erschwerend kommen die Unsicherheiten in den Wahrnehmungsprozessen hinzu, die durch den gegenwärtigen technologischen Stand in der Sensorentwicklung ihre Ursache haben. Ein Ansatz zur Unterstützung dieser Prozesse durch Fuzzy Logik, die in dieser Abhandlung theoretisch besprochen wurde, könnte hierbei Abhilfe leisten. Zahlreiche Wahrnehmungen beruhen auf Approximation und vagen Informationen die als "fuzzy sets" behandelt werden können. Das Ziehen analoger Schlüsse aufgrund analoger Situations- und Aufgabenmetrik ist ein plausibler Lernansatz, der jedoch bisher auf sehr einfache Problemgruppen wie "Stift in Loch", "Greifen" und Konstruieren und Bauen einfacher Teile beschränkt ist. Lernen durch Beispiele (Induktion) ist eine sehr robotergerechte Strategie, da sie den Programmierer als Lehrer miteinbeziehen kann.

Die Aufteilung der Verhaltensplanung in Grobplanung und Feinplanung impliziert zahlreiche Teildomänen, für die spezifische Präsentationsformen und Inferenzmechanismen benutzt werden. Das Fehlen einer einheitlichen Sprache zur Beschreibung von Eingabebeispielen, induktiven Erklärungen sowie den dazugehörigen Operatoren, die Situations- und Strukturbeschreibung erschweren den Entwurf von Lernelementen.

Die Erweiterung von Blockwelten auf reale Roboterwelten (Stereophenomenologie) ist ein weiterer wesentlicher Schritt, dem als sogenannter Realitätsbezug eine symbolische Signal- und Merkmalstransformation zuzuordnen ist. Hinzu kommt die Aktualisierung der Weltmodelle und deren Verwaltung in der Wissensbasis mit den dabei auftretenden Nebeneffekten. Die Entwicklung von elementaren Lerninferenzen sowie lernorientiertes Metawissen (Verallgemeinerungs- und Spezialisierungsoperatoren) bedarf noch grundlegender Untersuchung. Vorraussetzung für jeden Ansatz zu maschinellen Lernsystemen in der Robotik ist zunächst eine exakte Modellbildung des betrachteten Systems. Die Auswahl einer geeigneten internen Präsentation, die genaue Formulierung des Lernziels, die Vorgabe des Grundwissens sowie der Grundhypothese und der Wissenserwerbsquellen erlauben die Auswahl der Lernstrategie. In allen bekannten Arbeiten aus der Robotik war dem Benutzer das zu erreichende Lernziel zuvor genauestens oder zumindest vage mit Unschärfen behaftet bekannt, so daß die erstellten Modelle die Lernziele implizit enthielten. Die Frage, ob neues Wissen erworben oder neue Fakten oder Phenomene maschinell entdeckt werden können bleibt somit offen. Gesichert ist jedoch, daß durch systematische Anwendung von Verallgemeinerungsoperatoren Expertensysteme in der Robotik überschaubar und auf spezielle Problembereiche bezogen effizient realisiert und angewandt werden können.

13 Literaturverzeichnis

Literatur zu Kapitel 1

Buchanan, B.G., Mitchell, T.M., 1978:
"Model-directed learning of production rules" in Waterman, D.A., Hayes-Roth, F. (editors), "Pattern directed inference systems", Academic Press, New York 1978

Dillmann, R., Rembold, U., 1985:
"Autonomous robot of the University of Karlsruhe", 15. ISIR, p. 91-102 Tokyo, Sept. 1985

Dufay, B., Latombe, J.C., 1983:
"An approach to automatic robot programming based on inductive learning", Int. Symp. on Robotics Research, Bretton Woods, 1983

Fikes, R.E., Hart, P.E., Nilsson, N.J., 1972:
"Some new directions in robot prblem solving", Machine Intelligence, Vol.3, p. 405-430 1972

Fu, K.S., 1964:
"Learning control systems" in Ton, J.T., Wilcox, R.H. (editors) "Computer and Information Sciences", Spartan Books, New York, 1964

Fu, K.S., 1970:
"Stochastic automata as models of learning systems" in Mendel, J.M., Fu, K.S. (editors) "Adaptive, learning and pattern recognition systems", Academic Press, New York, 1970

Fu, K.S., 1971:
"Learning control systems and intelligent control systems: an intersection of artificial intelligence and automatic control", IEEE Transactions on Automatic Control, Vol. AC-16, p. 70-72 1971

Gilstad, D.W., Fu, K.S., 1970:
"A two-dimensional pattern recognizing adaptive model of ahuman controller", Proceeding of the 6th Annual Conference on Manual Control, April 1970

Lenat, D.B., 1976:
"An artificial intelligence approach to discovery in mathematics as heuristic search", Rep.No. STAN-CS-76-570, Comp.Sc.Dept., Stanford University, 1976

Rosenblatt, F., 1957:
"The perceptron: a perceiving and recognizing automateon", Project PARA, Rep.No. 85-460-1, Cornell Aeronautical Laboratory, 1957

Samuel, A.L., 1967:
"Some studies in machine learning using the game of checkers", IBM Jounal on Research and Devolopment 3, p.210-229, 1967

Saridis, G.N., 1977:
"Self-organizing control of stochastic systems", Marcel Dekker, New York, 1977

Sussman, G.J., 1975:
"A computer model of skill aquisition", American Elserier, 1975

Tangwonsan, S., Fu, K.S., 1979:
"An application to robot planning", Int. Journal of Computer and Information Sciences, Vol.8, No.4, p.303-333, 1979

Wee, W.G., Fu, K.S., 1969:
"A formulation of fuzzy automata and its application as a model of learning systems", IEEE Trans. on Sys.Sc. and Cybernetics, Vol.5, p.215-223, 1969

Weller,Wolfgang,1985:
"Lernende Steuerungen", Oldenburg Verlag München Wien,1985

Literatur zu Kapitel 2

Albus, J.S., 1982:
"Brains, behaviour and robotics", Byte Books, Subsidiary of McGraw Hill, 1982

Bower, G.H., Hilgard, E.R., 1981:
"Theories of learning", Prentice Hall, Eaglewood Cliffs, 1981

Dreyfus, H.L., 1985:
"Die Grenzen künstlicher Intelligenz", Athenäum Verlag, Königstein, 1985 (deutsche Übersetzung des Orginaltitels "What computers can't do - the limits of artificial intelligence", Harper and Row, Publishers, New York)

Etschberger, K., 1973:
"Leistungsfähigkeit und Regelverhalten des Menschen bei der Nachführung kontinuierlicher stochastischer Signale" Dissertation an der TU München, 1973

Ganong, W.F., 1971:
"Physiologie", Springer, Berlin, Heidelberg, New York, 1977

Klix, F., 1976:
"Information und Verhalten", VEB Deutscher Verlag der Wissenschaften, Berlin, 1976

Knaeuper, A. Rouse, W.B., 1985:
"A rule-based model of human problem-solving behavior in dynamic environments" IEEE Trans. on Systems, Man and Cyb., Vol.SMC-15, No.6, p.708-719, 1985

McRuer, D., 1980:
"Human dynamics in man machine systems", Automatica 5, p.237-253, 1980

Raibert, M.H.,1978:
"A model for sensomotor control and learning", Biol.Cybernetic No.29, p.29-36, 1978

Reither, F., 1979:
"Über die Selbstreflexion beim Problemlösen", Dissertation an der Universität Gießen, Juni 1979

Schmidt, R.F., 1977:
"Grundriß der Neurophysiologie", Springer, Berlin, Heidelberg, New York, 1977

Setzer, W., 1981:
"Identifikations- und Adaptionsmechanismen im peripheren System der Motorik des Menschen", Dissertation an der Universität Karlsruhe, Okt. 1981

vanDijk, J.H., 1978:
"On the interaction between the CNS and the peripheral motor system" Biol.Cybernetic, No.30, p.195-208, 1978

Literatur zu Kapitel 3

Barbera, A.J., Fitzgerald, M.L., Albus, J.S., 1982:
"Concepts for a real-time sensory-interactive control system architecture", 14th Southeastern Symposium on System Theory, 1982

Bartenstein, O., 1983:
"Eine spezielle Methode des maschinellen Lernens und ihre Anwendung auf Industrieroboter", Diplomarbeit an der TU München, 1983

Brooks, R.A., 1982a:
"Solving a find-path problem by good representation of free space", 2nd American Assoc. for A.I. Conf., 1982

Brooks, R.A., 1982b:
"Symbolic error analysis and robot planning", AI Memo No.685, AI Lab., MIT, 1982

Buchanan, B.G. et.al., 1977:
"Models of learning systems" in "Enciclopedia of Computer Science and Technology", Vol.11, Marcel Dekker, New York, 1977

Carbonell, J.G., 1983: "Learning by analogy: formulating and generalizing plans from past experience" in Michalsky, R.S., Carbonell, J.G., Mitchell, T.M. (editors), "Machine learning", Springer Verlag, 1983

Davis, R., Lenat, D.B., 1980:
"Knowledge based systems in artificial intelligence", McGraw-Hill, New York, 1980

Dietterich, T.G. et.al., 1982:
"Learning and inductive inference" in Cohen, P.R., Feigenbaum, E.A. (editors) "Handbook of Artificial Intelligence", section14, Stanford University, Stanford, 1982

Dillmann, R., Rembold, U., 1985:
"Autonomous robot of the University of Karlsruhe", 15.ISIR, p.91-102, Tokyo, Sept.1985

Dufay, B., Latombe, J.C., 1983:
"An approach to automatic robot programming based on inductive learning", Int. Symp. on Robotics Research, Bretton Woods, 1983

Fikes, R.E., Hart, P.E., Nilsson, N.J., 1972:
"Learning and executing generalized plans", Artificial Intelligence, Vol.3, p.251-288, 1972

Hirzinger, G., Landzettel, 1985:
"Sensory feedback structures for robots with supervised learning", IEEE Int. Conf. on Robotics and Automation, St.Louis/Missouri, 1985

Langley, P., 1983:
"Representational issues in learning systems", Computer, p.47-51, Oct.1983

Laugier, C., 1981:
"A program for automatic grsping of objects with a robot arm", 11th ISIR, Tokyo, 1981

Laugier, C., Pertin, J., 1983:
"A case study in accessibility analysis", Int Meetin on Advanced Software in Robotics, Liege, 1983

Lozano-Perez, 1976:
"The design of a mechanical assembly system", Technical report AI-TR397, AI-Lab., MIT, 1976

Lozano-Perez, 1980:
"Automatical planning of manipulator transfer movements", Memo 606, AI-Lab., MIT, 1980

Paul, R.P., Shimano, B., 1976:
"Compliance and joint control", Joint Automatic Control Conference, p.694-699, Purdue University, 1976

Shimano, B., Roth, B., 1978:
"On force sensing and its use in controlling manipulators", 8th ISIR, Tokyo, 1978

Siklossy, L., Dreussi, J., 1973:
"An efficient robot planner which generates its own procedures", 3rd IJCAI, 1973

Simon, H.A., 1983:
"Why should machines learn?" in Michalski, R.S., Mitchell, T.M., Cerbonell, J. (editors) "Machine learning", Tioga Publishing, Palo Alto, 1983

Udupa, S.M., 1977:
"Collision detection and avoidance in computer controlled manipulators", Int. Joint Conf. on A.I., Cambridge, 1977

Whitney, D.E., 1982:
"Quasi-static assembly of compliantly supported rigid parts", Journal of Dynamic Systems, Measurement and Control, Vol.104/65, March 1982

Wingham, M., 1977:
"Planning how to grasp objects in a cluttered environment" M.Phil.Thesis, University of Edinburgh, 1977

Literatur zu Kapitel 4

Albus, J.S., 1975:
"A new approach to manipulator control: the cerebellar model articulation controller", Trans. ASME, Sept. 1975

Findler, N.V.(ed.):
"Assoziative networks", Academic Press, New York, 1979

Minsky, M., 1975:
"A framework for representating knowledge" in Winston, P.H. (editor):"The psychology of computer vision"

Mostow, D.J., 1981:
"Mechanical transformation of task heuristics into operational procedures", Ph.D. dissertation, Carnegie-Mellon University, 1981

Literatur zu Kapitel 5

Albus, J.S., 1972 :
" Theoretical and experimental aspects of a cerebellar model ", PhD Thesis, University of Maryland, 1972

Albus, J.S., 1975:
" A new approach to manipulator control: The cerebellar modal articulation controller ", Trans. ASME, July 1975

Albus, J.S., 1982:
" Brains, behavior and robotics ", Byte Books, Subsidiary of Mc Graw Hill, 1982

Dillmann, R., 1986:
" Heuristiken zur Lösung von Mehrarmkollisionsproblemen unter Verwendung von Zustandspräsentationen ", in Vorbereitung

Ersü, E., Tolle, H., 1984:
" A new concept for learning control inspired by brain theory ", proc. of the 9. IFAC world congress, Budapest 1984

Kohonen, T., 1977:
" Assoziative memory ", Springer Verlag 1982

Palm, G., 1982:
" Neural assemblies ", Springer Verlag 1982

Park, W.T., 1984:
" State space representation for coordination of multiple manipulators ", proc. of the 14. ISIR, Götheborg 1984

Raibert, M., 1977:
" Mechanical arm control using a state space memory ", SME Tech. Paper MS 77-750, 1977

Rosenblatt, F., 1962:
" Principles of neurodynamics ", Spartan Books, Subsidiary of Mc Graw Hill, 1982

Samuel, A.L., 1959:
" Some studies in machine learing using the game of checkers ", printed in Feigenbaum, E.A., Feldman, J.:" Computers and Thought ", New York, Mc Graw Hill, 1963

Schmidt, R.F., 1972:
" Grundriß der Neurophysiologie ", Springer Verlag, 1972

Literatur zu Kapitel 6

Dillmann, R., Huck, M., 1985:
"Intelligentsimulation of robot application", 1st IFAC Symposium on Robot Control,Barcelona,Nov. 1985

Dufay, B., Latombe, J.C., 1983:
"An approach to automatic robot programming based on induktive learning", Int. Symp. on Robotics Research,Bretton Woods,1983

Fikes, R.E., Hart, P.E., Nilsson, N.J., 1972:
"Learning and executing generalised robot plans",Artificial Intelligence 3,p. 251-288,1972

Hayes-Roth, F., 1976:
"Patterns of induction and associated knowledge aquisition algorithms", Technical Report, CMM,May 1976

Hayes-Roth, F., Mc Dermott, J., 1977:
"Knowledge aquisition from structural descriptions", Proceedings of the 5th IJCAI,Camridge,1977,p.356-362

Larson, J., 1977:
"Inductive inference in the variable valued predicate logic system VL21: Methodology and computer implementation", Rep.No.869,Computer Science Dept.,University of Illinois,Urbana, 1977

Lenat, D.B., Hayes-Roth, F., Klar, P., 1979:
"Cognitive economy in artificalintelligence systems", IJCAI 6, p. 531-536

Michalski, R.S., 1980:
"Pattern recognition as ruleguided inductive inference", IEEE Trans. on Pattern Analysis and Machine Intelligence, PAMI-2, p.349-361

Michalski, R.S., 1983:
"A theory and methodology of inductive learning", in Michalski,R.S., Carbonell,J.G., Mitchell,T.M. (editors) "Machine learning", Springer Verlag 1983

Mitchel, T.M., 1977:
"Version spaces: A candidate elimination approach to rule learning", Proceedings of the 5th IJCAI,Cambridge, 1977, p.305-310

Quinlan, J.R., 1979:
"Discovering rules from large collections of examples: A case study", in Mitchie,D. (editor):"Expert systems in the micro electronic age", Edinburgh University Press, 1979

Simon, H.A., Lea, G., 1974:
"Problem solving and rule introduction: A unified view", In Gregg,L.(editor), "Knowledge and Cognition", Lawrence Erlbaum Associates, Potomac, Maryland, 1974

Soloway, E., 1978:
"Learning = interpretation + generalization: A case study in knowledge-directed learning", Rep.No. COINS -TR-78-13,University of Massachusetts,Amherst, 1978

Sussman, G.J., 1975:
"A computational model of skill aquisation', AI-technical report 297,AI Lab.,MIT, 1975

Vere, S.A., 1975:
"Introduction of concepts in the predicate calculus", 4th IJCAI, 1975

Vere, S.A., 1980:
Multilevel counterfactuals for generalizations of relational concepts and productions", Artificial Intelligence, Vol.14, No.2, 1980, p.138-164

Winston, P.H., 1970:
"Learning structural descriptions from examples", Pep.No. TR-231, AI-Laboratory,MIT, 1970

Winston, P.H., 1975:
"Learning structural descriptionsfrom examples", in Winston,P.H. (editor):"The psychologyof computer vision", Mc Graw Hill,New York,1975

Literatur zu Kapitel 7

Aström, K.J., 1970:
"Introduction to stochastic control theory", Academic Press, New York, 1970

Aström, K.J., et.al., 1977:
"Theory and application af self-tuning regulators", Automatica, 13, 1977

Bellmann, R., 1961:
"Adaptive contol processes, a guided tour", Princeton University Press, New York, 1961

Bryson, E., Ho, Y.C., 1969:
"Applied optimal control", Blaisdell, Boston, 1969

Craig, J.J., 1983:
"Adaptive control of manipulaors through repeated trials", Internal report of the Comp.Sc.Dept, Stanford University, 1983

Feldbaum, A.A., 1965:
"Optimal control systems", Academic Press, New York, 1965

Fu, K.S., 1969:
"Learning control systems" in Tou, J.T. (editor) "Advances in information system science", Plenum Press, New York, 1969

Fu, K.S., Li, T.J., 1969:
"Formulation of learning automata and automata games", Information Science, Vol.1, July 1969

Gibson, J.E., 1962:
"Non-linear automatic control", McGraw-Hill, New York, 1962

Hirzinger, G., 1985:
"Adaptiv sensorgeführte Roboter mit besonderer Berücksichtigung der Kraft-Momenten Rückkopplung", Robotersysteme, Bd.1, Nr.3, 1985

Lee, R.C.K., 1964:
"Optimal identification, estimation and control", MIT Press, Cambridge, 1964

Mason, M.T., 1981:
"Compliance and force control for computer controlled manipulators", IEEE Trans. on Systems, Man and Cybernetics, Vol.SMC-11, No.6, p.418-432 1981

Mishkin, E., Braun, L., 1961:
"Adaptive control systems", McGraw-Hill, New York, 1961

Nilson, N.J., 1965:
"Learning machines", McGraw-Hill, New York, 1965

Paul, R.P., Shimano, B., 1976:
"Compliance and control", IACC, 1976

Pontryagin, L.S., Boltyanskii, V.G., Gamkrelidge, R.V., Mishchenko, E.F., 1962: "The mathematical theory of optimal processes", Interscience, New York, 1962

Sage, A.P., Melsa, J.L., 1971:
"System identification", Academic Press, New York, 1971

Saridis, G.N., 1979:
"Self organizing control of stochastic systems", Marcel Dekker, New York, 1979

Sworder, D.D., 1966:
"Optimal adaptive control systems", Academic Press, New York, 1966

Tsypkin, Y.Z., 1973:
"Foundation of the theory of learning systems", Academic Press, New York, 1973

Whitney, D.E., 1977:
"Force feedback control of manipulator fine motions", Journal of Dynamic Syst. Measurement and Control, p.91-97, June 1977

Yovits, M.C., Jacobi, G.T., Goldstein, G.D., 1962:
"Self organizing systems", Spartan Books, New York, 1962

Literatur zu Kapitel 8

Alexander, I., Hanna, K., 1976:
Automata Theory: An Engineering Approach, Crane Russak, New York, 1976

Bieker, B.,Schmidt, G., 1985:
Fuzzy Regelungen und linguistische Regelalgorithmen - eine kritische Bestandsaufnahme, Automatisierungstechnik 33/2,1985

Fu, K.S., 1970a:
"Stochastic automata as models of learning systems", in Mendel, J.M., Fu, K.S. (editors):"Adaptive, learning and pattern recognition systems", p.393-432, Academic Press, New York, 1970

Fu, K.S., 1970b:
"Learning control systems - review and outlook", IEEE Trans. Autom. Contr., April 1970

Simons, J., vanBrussel, H., deSchutter, J., Verhaert, J., 1982:
"A self-learning automaton with variable resolution for high precision assembly by industrial robots", IEEE Trans. on Aut. Contr., Vol.AC-27, No.5, p.1109-1113, Oct. 1982

Wahlster, W., 1977:
Die Repräsentation von vagem Wissen in natürlichsprachlichen Systemen der künstlichen Intelligenz, Universität Hamburg,Bericht Ifl--HH-B-38/37.

Wee, W.G., Fu, K.S., 1969:
"A formulation of fuzzy automata and its application as a model of learning systems", IEEE Trans. on Sys., Science and Cybern., Vol.5, p.215-223, 1969

Weiß, S., 1987:
Untersuchung der Anwendbarkeit von Fuzzy-Logik zur Interpretation von Sensordaten, Diplomarbeit an der Fakultät für Informatik der Universität Karlsruhe,1987

Zadeh, L.A., 1965:
"Fuzzy sets", Inform. Control, Vol.8, No.3, p.338-355, 1965

Zadeh, L.A., 1973:
"Outline of a new approach to the analysis of complex systems and decision processes", IEEE Trans. on Sys., Man, Cybern., Vol.SMC-3, No.1, p.28-44, 1973

Zadeh, L.A., 1975:
Fuzzy-Logic and Approximate Reasoning, Synthese 30,407-428,1975

Zadeh, L.A., Bellmann, R.F., 1975:
Local and Fuzzy Logics. In: Dunn, J.M., epstein, G. (eds.), Modern uses of multiple-valued logic, 105-166, Reidel, Dordrecht, 1975.

Literatur zu Kapitel 9

Carbonell, J.G., 1984:
" Learning by analogy: Formulation and generalizing plans from past experience ",in Michalski,R.S.,Carbonell,J.G., Mitchell,T.M. (Editors): Machine Learning, Springer-Verlag, 1984

Fikes, R.E., Nilsson, N.J., 1971:
"STRIPS: A new approach to the application of theorem proving by problem solving ", Artificial Intelligence, Vol.2, p.189-208, 1971

Fikes, R.E., Hart, P.E., Nilsson, N.J., 1972a:
"Learning and executing generalized robot plans ", Artificial Intelligence, Vol.3,p.251-288, 1972

Fikes, R.E., Hart, P.E., Nilsson, N.J., 1972b:
" Some new directions in robot problem solving ", Machine Intelligence, Vol.3, p.405-430, 1972

Newell, A., Simon, H.A., 1972:
" Human problem solving ", Prentice Hall New Jersey, 1972

Sacerdoti, E.D., 1972:
" A structure for plans and behavior ", North-Holland, Amsterdam, 1977

Schank, R.C., 1979:
" Reminding in memory organization: An introduction to MOPS ", Technical Report 170, Yale University, Computer Science Dept., 1979

Literatur zu Kapitel 10

Dörner, D., 1979:
"Problemlösung als Informationsverarbeitung", Kohlhammer, 1979

Hayes-Roth, F., 1984:
"Using proofs and refutations to learn from experience", Michalski, R.S., Carbonell, C., Mitchell, T.M.:"Machine learning", Springer, Berlin, Heidelberg, New York, 1984

Mitchell, T.M., Utgoff, P.E., Nudel, B., Bunerij, R.B., 1981:
"Learning problem solving heuristics through practice", IJCAI 7, p.127-134,

Waterman, D.A., 1970:
"Generalization learning techniques for automating the learning heuristics", Artificial Intelligence, Vol.1, No.1/2, p.121-170, 1970

Literatur zu Kapitel 11

Albus, J.S., et al., 1981:
"Theory and practice of hierarchical control", 23.IEEE, Washington, Sept.13.-17. 1981

Dillmann, R., 1984:
"Robot architecture for the integration of robots into manufacturing cells", Proceedings of the Robotics Europe Conference, Brussels, June 1984

Dillmann, R., Huck, M., 1985:
"Ein Softwaresystem zur Simulation von robotergestützten Fertigungsprozessen", Robotersysteme, Bd.1, S.87-98, 1985

Elfes, A., Talukdar, S.N., 1983:
"A distributed control system for the CMU Rover", Proceedings der IJCAI'83, S.830-833, Karlsruhe, Aug. 1983

Gage, D.W., Harmon, S.Y., Aviles, W.A., Bianchini, G.L., 1985:
"Subsystem interfaces for complex robots", Proceedings of the workshop on Robot Standards, p.119-124, Detroit, June 1985

Harmon, S.Y., 1983:
"Coordination between control and knowledge based systems for autonomous vehicle guidance", Proc. of IEEE Trends and Applications 1983, p.8-11, Gaithersburg, May 1983

Hayes-Roth, B., 1985:
"A blackboard architecture for control", Artificial Intelligence 26, p.251-321, 1985

Kordecki, C., Dillmann, R., 1984:
"Conceptual design of adaptive multiarm control", Proceedings of 1984 ASME International Computer in Engineering Conf., Las Vegas, Aug.12-16, 1984

Laumond, J.-P., 1983:
"Model structuring and concept recognition: two aspects of learning for a mobile robot", Proceedings der IJCAI'83, S.839-841, Karlsruhe, Aug. 1983

Moravec, H.P., 1980:
"Obstacle avoidance and navigation in the real world by a seeing robot rover", Diss. an der Stanford Univ., Sept.1980, in "Rover Visual Navigation", UMI Research Press, Ann Arbor, Michigan, 1981

Nilson, N.J., 1973:
"A hierarchical robot planning and execution system", Artificial Intelligence Center, TN-76, SRI-Int., 1973

Saridis, G.N., Stephanon, H.E., 1975:
"Hierarchically intelligent control of a bionic arm", Proceedings of Conf. on Decision and Control, Houston, Texas, Dec. 1975